乡村人才振兴培训系列教材

牛羊繁殖技术

NIU YANG FANZHI JISHU

李海江　刘长城　杨　利　主编

中国农业科学技术出版社

图书在版编目(CIP)数据

牛羊繁殖技术 / 李海江，刘长城，杨利主编 . --北京：中国农业科学技术出版社，2022. 9
ISBN 978-7-5116-5909-5

Ⅰ. ①牛…　Ⅱ. ①李…②刘…③杨…　Ⅲ. ①牛-繁殖 ②羊-繁殖　Ⅳ. ①S823. 3②S826. 3

中国版本图书馆 CIP 数据核字(2022)第 167233 号

责任编辑　张志花
责任校对　王　彦
责任印制　姜义伟　王思文

出 版 者　中国农业科学技术出版社
　　　　　北京市中关村南大街 12 号　　邮编：100081
电　　话　(010) 82106636 (编辑室)　(010) 82109702 (发行部)
　　　　　(010) 82109709 (读者服务部)
网　　址　http://www.castp.cn
经 销 者　各地新华书店
印 刷 者　北京地大彩印有限公司
开　　本　140 mm×203 mm　1/32
印　　张　5. 875
字　　数　150 千字
版　　次　2022 年 9 月第 1 版　2022 年 9 月第 1 次印刷
定　　价　26. 80 元

编委会

《牛羊繁殖技术》

主　编	李海江	刘长城	杨　利
副主编	项秀才让	温都日玛	甘宗辉
	黄福生	赵芳成	王焕喜
编　委	邓　雯	黄　亮	包雨鑫
	郭光坤	石晓静	余传奇
	王　崇	赵咏梅	方志梅
	保斌福	韩　露	柳风林
	黄永堂	魏　斓	杨延才

前言

近年来，我国牛羊养殖业发展迅速。为了最大限度地提升牛羊养殖的经济效益，保证养殖健康，各养殖户在养殖的过程中，应引进新的技术和理念，不断地对管理制度进行优化，逐步形成最佳养殖模式。牛羊繁殖工作是现代牛羊养殖场中最重要的工作之一。

本书以提高牛羊繁殖效益为核心，从我国牛羊养殖现状出发，按照牛羊繁殖工作的流程，从牛羊的生殖器官、牛羊的生殖激素、牛羊的生殖生理、牛羊的发情鉴定、牛羊的配种技术、牛羊的妊娠与分娩、牛羊的繁殖力、胚胎移植技术、克隆与转基因技术、繁殖障碍及疾病的控制方面进行了详细介绍。本书内容翔实、语言通俗易懂、技术简单实用，具有较强的针对性、应用性和可操作性。

本书可作为牛羊养殖场中从事牛羊繁殖人员的参考书和培训教材，也可供广大养牛、养羊户阅读使用。

由于时间仓促，水平有限，书中难免存在不足之处，欢迎广大读者批评指正！

编　者

2022 年 6 月

目录

第一章 牛羊的生殖器官

第一节　公牛羊的生殖器官

公牛羊的生殖器官包括：性腺（睾丸）、输精管道（附睾、输精管和尿生殖道）、副性腺（精囊腺、前列腺和尿道球腺）和外生殖器（阴茎）（图 1-1）。

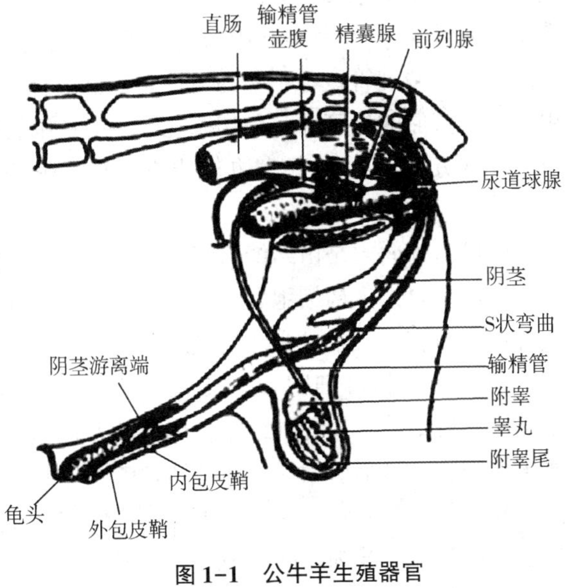

图 1-1　公牛羊生殖器官

一、睾丸

1. 形态

正常雄性家畜的睾丸成对存在，均为长卵圆形。因家畜的种类不同其睾丸的大小、重量有很大差别。绵羊和山羊的睾丸相对较大。牛的左侧睾丸稍大于右侧。

牛、羊睾丸的长轴与地面垂直，附睾位于睾丸的后外缘，附睾头朝上，尾朝下。两个睾丸分居于阴囊的两个腔内。

2. 组织结构

睾丸的外表被覆以浆膜，即固有鞘膜，其下为致密结缔组织构成的白膜，白膜由睾丸的一端（即和附睾头相接触的一端）形成结缔组织索伸向睾丸实质，构成睾丸纵隔，纵隔向四周发出许多放射状结缔组织小梁伸向白膜，称为中隔。它将睾丸实质分成许多锥体形小叶。每个小叶内有一条或数条盘曲的精细管，腔内充满液体。精细管在各小叶的尖端先各自汇合，穿入纵隔结缔组织内形成弯曲的导管网，称作睾丸网，为精细管的收集管，最后由睾丸网分出 10~30 条睾丸输出管，汇入附睾头的附睾管（图 1-2）。

精细管的管壁由外向内是由结缔组织纤维、基膜和复层的生殖上皮构成。上皮主要由生精细胞和足细胞构成。生精细胞数量比较多，成群地分布在足细胞之间。根据不同时期的发育特点，可分为精原细胞、初级精母细胞、次级精母细胞、精细胞和精子。足细胞又称支持细胞、塞托利细胞，体积较大且细长，但数量较少，属于体细胞，呈辐射状排列在精细管中，分散在各期生殖细胞之间，其底部附着在精细管的基膜上，游离端朝向管腔，常有多个精子镶嵌其上。该细胞高低不等，界限不清，细胞核较大，位于细胞的基部，着色较浅，具有明显的核仁，但不显示分

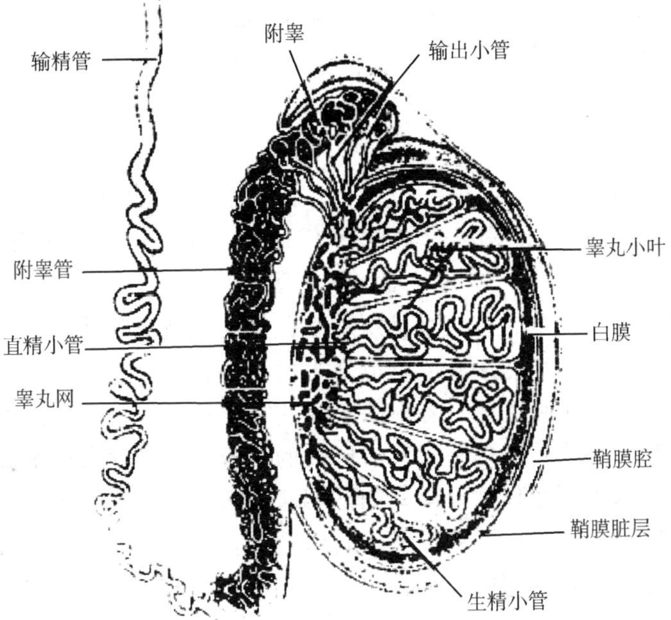

图 1-2　睾丸及附睾的组织结构

裂现象。由于它的顶端有数个精子伸入胞浆内，故一般认为此种细胞对生精细胞起着支持、营养、保护等作用。如果足细胞失去功能，精子便不能成熟。

3. 功能

（1）生精机能　精细管的生精细胞经多次分裂后最终形成精子，并贮存于附睾。公牛每克睾丸组织平均每天可产生精子1 300 万~1 900万个，公羊2 400 万~2 700万个。

（2）分泌雄激素　间质细胞分泌的雄激素，能激发公牛羊的性欲及性兴奋，刺激第二性征，刺激阴茎及副性腺的发育，有利于精子发生及附睾精子的存活。

（3）产生睾丸液　由精细管和睾丸网产生大量的睾丸液，含有较高浓度的钙、钠等离子成分和少量的蛋白质成分。主要作用是维持精子的生存和有助于精子向附睾头部移动。

二、附睾

1. 形态

附睾附着于睾丸的附着缘，由头、体、尾三部分组成。头、尾两端粗大，体部较细。附睾头由睾丸网发出的 10 多条睾丸输出管组成，这些管呈螺旋状，借结缔组织联结成若干附睾小叶，再由附睾小叶联结成扁平而略呈杯状的附睾头，贴附于睾丸的前端或上缘。各附睾小叶的管子汇成一条弯曲的附睾管。附睾体由弯曲的附睾管沿睾丸的附着缘延伸逐渐变细，延续为细长的附睾体。在睾丸的远端，附睾体变为附睾尾，其中附睾管弯曲减少，最后逐渐过渡为输精管，经腹股沟管进入腹腔。附睾管极度弯曲，其长度牛、羊为 35~50 米，管腔直径为 0.1~0.3 毫米。

2. 组织结构

附睾管壁由环形肌纤维和单层或部分复层柱状纤毛上皮构成。附睾管大体可区分为三部分，起始部具有长而直的静纤毛，管腔狭窄，管内精子数很少；中段的静纤毛不太长，且管腔变宽，管内有多数精子存在；末段静纤毛较短，管腔很宽，充满精子。

3. 功能

（1）吸收和分泌作用　吸收作用为附睾头及尾的一个重要作用。牛、绵羊和山羊睾丸液的精子密度为 1 亿/毫升，而附睾尾液中每毫升约含 50 亿精子。大部分睾丸液在附睾头部被吸收，使得管腔中的 Na^+ 与 Cl^- 量减少。附睾液中有许多睾丸液中所不存在的有机化合物，其与维持渗透压、保护精子及促进精子成熟有关。

(2) 附睾是精子最后成熟的场所　由睾丸精细管生产的精子，刚进入附睾头时，颈部常有原生质滴，说明精子尚未发育成熟。精子通过附睾过程中，原生质滴向后移行。这种形态变化与附睾的物理及细胞化学的变化有关，它能增加精子的运动和受精能力。

(3) 附睾是精子的贮存库　成年公牛两个睾丸聚集的精子数为700多亿个，公羊的在1 500亿个以上，约等于睾丸用3.6天所产生的精子，其中约有54%贮存于附睾尾部。

(4) 附睾管的运输作用　精子在附睾内缺乏主动运动，它是靠纤毛上皮的活动，以及附睾管壁平滑肌的收缩作用由附睾头运送至附睾尾的。

三、输精管

1. 形态与结构

附睾管在附睾尾端延续为输精管，管的起始端有些弯曲，很快变直，并与血管、淋巴管、神经、提睾内肌等同包于睾丸系膜内而组成精索，经腹股沟管进入腹腔，折向后进入盆腔，在生殖褶中沿精囊腺内侧向后伸延，变粗形成输精管壶腹，其末端变细，穿过尿生殖道起始部背侧壁，与精囊腺的排泄管共同开口于精阜后端的射精孔。壶腹部富含分支管状腺体，牛、羊的壶腹部比较发达，马的壶腹部最发达。

2. 功能

① 射精时，在催产素和神经系统的支配下输精管肌肉层发生规律性收缩，使得管内和附睾尾部贮存的精子排入尿生殖道。

② 壶腹部也可视为副性腺的一种，牛和羊精液中部分果糖

来自壶腹部。

③ 输精管还具有对死亡和老化精子的分解吸收作用。

四、副性腺

精囊腺、前列腺及尿道球腺总称为副性腺。射精时它们的分泌物，加上输精管壶腹的分泌物混合在一起称为精清，并将来自输精管和附睾高密度的精子稀释，形成精液。

1. 形态与结构

（1）精囊腺　成对存在，位于输精管末端的外侧。牛、羊的精囊腺为致密的分叶状腺体，腺体组织中央有一较小的腔。牛、羊精囊腺的排泄管和输精管，共同开口于尿道起始端顶壁上的精阜，形成射精孔。

（2）前列腺　牛前列腺分为体部和扩散部，体部较小，而扩散部相当大，体部外观可见，延伸至尿生殖道骨盆部。扩散部在尿道海绵体和尿道肌之间，它们的腺管成行开口于尿生殖道内。山羊和绵羊的仅有扩散部，且为尿道肌包围，故外观上看不到。牛的前列腺呈复合管状的泡状腺体，其体部和扩散部皆能见到。

（3）尿道球腺　在坐骨弓背侧，位于尿生殖道骨盆部外侧附近的一对腺体。牛、羊的较小，呈球状，埋藏在球海绵体肌内。一侧尿道球腺一般有一个排出管，通入尿生殖道的背侧顶壁中线两侧。

2. 功能

（1）冲洗尿生殖道，为精液通过做准备　交配前阴茎勃起时所排出的少量液体，主要是尿道球腺所分泌，它可以冲洗尿生殖道中残留的尿液，使通过尿生殖道的精子不致受到尿液的危害。

(2) 精子的天然稀释液 附睾排出的精子，其周围只有少量液体，待与副性腺液混合后，精子即被稀释，从而也加大了精液容量。

(3) 供给精子营养物质 精子内某些营养物质是在其与副性腺液混合后才得到的，如附睾内的精子不含果糖，当精子与精清混合时，果糖很快地扩散入精子细胞内。果糖的分解是精子能量的主要来源。

(4) 活化精子 副性腺液的 pH 一般为偏碱性，碱性环境能刺激精子的运动能力。另外，副性腺液的渗透压低于附睾处，可使精子吸收适量的水分而得以活动。

(5) 帮助推动和运送精液到体外 副性腺腺体分泌物在与精子混合的同时，随即运送精子排出体外，精液射入母牛羊生殖道后，精子以一部分精清为媒介而泳动至受精地点。

(6) 缓冲不良环境对精子的危害 精清中含有柠檬酸盐及磷酸盐，这些物质具有缓冲作用，给精子保持以良好的环境，从而延长精子的存活时间，维持精子的受精能力。

(7) 形成阴道栓，防止精液倒流 有些家畜的精清，有部分或全部凝固的现象。一般认为这是一种在自然交配时防止精液倒流的天然措施。

五、尿生殖道

雄性尿生殖道是尿和精液共同的排出管道，可分为两部分：一是骨盆部，由膀胱颈直达坐骨弓，位于骨盆底壁，为一长的圆柱形管，外面包有尿道肌；二是阴茎部，位于阴茎海绵体腹面的尿道沟内，外面包有尿道海绵体和球海绵体肌。在坐骨弓处，尿道阴茎部在左右阴茎脚（阴茎海绵体起始部）之间稍膨大形成尿道球。

射精时，从壶腹部聚集来的精子，在尿道骨盆部与副性腺的分泌物相混合，在膀胱颈的后方，有一个小的隆起，称为精阜，在其顶端是壶腹部和精囊腺导管的共同开口。精阜主要由海绵组织构成，它在射精时可以关闭膀胱颈，从而阻止精液流入膀胱。

六、阴茎

阴茎为雄性的交配器官，阴茎头为阴茎前端的膨大部，亦称龟头，牛的龟头较尖，且沿纵轴略呈扭转形；猪的龟头呈螺旋状，上有一浅的螺旋沟；羊的龟头呈帽状隆突。

七、包皮

包皮是由游离的皮肤凹陷而发育成的阴茎套。在不勃起时，阴茎头位于包皮腔内。包皮的分泌物常形成带有异味的包皮垢。

第二节　母牛羊的生殖器官

母牛羊的生殖器官包括三个部分：性腺，即卵巢；生殖道，包括输卵管、子宫、阴道；外生殖器官，包括尿生殖前庭、阴唇、阴蒂。

一、卵巢

1. 形态与位置

牛卵巢的形状为扁椭圆形，附着在卵巢系膜上，羊比牛的圆而小。

牛、羊的卵巢一般位于子宫角尖端外侧，初产及经产胎次少的母牛，卵巢均在耻骨前缘之后；经产的母牛，子宫角因胎次增多而逐渐垂入腹腔，卵巢也随之前移至耻骨前缘的下方。

2. 组织结构

牛、羊的卵巢组织分为皮质部和髓质部。皮质内含有卵泡、卵泡的前身和续产物（红体、黄体和白体）。由于卵巢外表无浆膜覆盖，故卵泡可在卵巢的任何部位排卵。皮质部的结缔组织含有许多成纤维细胞、胶原纤维、网状纤维、血管、淋巴管、神经和平滑肌纤维，接近表面的结缔组织细胞的排列大体上与卵巢表面平行，比靠近髓质处的略为致密，称为白膜。髓质内含有许多细小的血管、神经，它们由卵巢门出入，血管分为小支进入皮质，并在卵泡膜上构成血管网。

3. 功能

（1）卵泡发育和排卵　卵巢皮质部有着许多原始卵泡。原始卵泡是由一个卵母细胞和周围一单层卵泡细胞构成。原始卵泡经过次级卵泡、生长卵泡和成熟卵泡阶段，最终排出卵子。排卵后，在原卵泡处形成黄体。

（2）分泌雌激素和孕酮　在卵泡发育过程中，包围在卵泡细胞外的两层卵巢皮质基质细胞形成卵泡膜，可分泌雌激素，是导致母牛羊发情的直接因素。排卵后形成黄体能分泌孕酮，它是维持妊娠所必需的激素之一。

二、输卵管

1. 形态与位置

输卵管是卵子进入子宫必经的通道，包在输卵管系膜内，有许多弯曲。管的前 1/3 段较粗，称为壶腹部，是卵子受精的地方；其余部分较细，称为峡部。壶腹部和峡部连接处叫作壶峡连接部。靠近卵巢端扩大呈漏斗状，叫作漏斗部。漏斗部的边缘形成许多皱襞，称为伞。牛、羊的输卵管伞不发达。伞的一处附着于卵巢的上端，漏斗的中心有输卵管腹腔口，与腹腔相通。管的子宫端有输卵管子宫口，与子宫角相通。

2. 组织结构

输卵管的管壁从外向内由浆膜、肌层和黏膜构成。肌层可分为内层的环状或螺旋形肌束和外层的纵行肌束，其中混有斜行纤维，使整个管壁能协调地收缩。黏膜层的纤毛细胞在输卵管的卵巢端，特别在伞部，较为普遍，越向子宫端越少。这种细胞有一种细长而能颤动的纤毛伸入管腔，能向子宫方向摆动，有助于卵子的运行。

3. 功能

（1）*承受并运送卵子* 从卵巢排出的卵子先到伞部，借纤毛的活动将其运输到漏斗部和壶腹部，通过壶腹部的黏膜襞被运送到壶峡连接部。

（2）*精子获能、受精及卵裂的场所* 子宫和输卵管为精子获能的部位，壶腹部为精卵结合的部位。

（3）*分泌机能* 输卵管在不同的生理阶段，分泌的量有很大的变化。发情时，分泌量增多，分泌物主要为各种氨基酸、葡萄糖、乳酸、黏蛋白及黏多糖，它是精子、卵子及早期胚胎的培养液。输卵管及其分泌物的生理生化状况是精子和卵子正常运行、合子正常发育及运行的必要条件。

三、子宫

1. 形态与位置

子宫分为子宫角、子宫体和子宫颈三部分。牛、羊的子宫角基部之间有一纵隔，将二角分开，称为对分子宫。子宫角有大小两个弯，大弯游离，小弯供子宫阔韧带附着，血管神经由此出入。子宫颈前端以子宫内口和子宫体相通，后端突入阴道内，称为子宫颈阴道部，其开口为子宫外口。

2. 组织结构

子宫的组织结构从里向外为黏膜、肌层及浆膜。黏膜由上皮和固有膜构成。上皮为柱状细胞，下陷入固有膜内构成子宫腺。子宫腺以子宫角最发达，子宫体较少。反刍动物子宫角黏膜表面，沿子宫纵轴排列着纽扣状隆起，称为子宫阜。肌层的外层薄，为纵行肌纤维，内层厚，为螺旋形的环状纤维，内外两层交界处有交错的肌束和血管网。浆膜与子宫阔韧带的浆膜相连。

3. 功能

（1）有利于精子的运行和分娩　发情时，子宫借其肌纤维有节律的强而有力的收缩作用而运送精液，使精子可能超越其本身的运行速率通过输卵管的子宫口进入输卵管。分娩时，子宫以其强有力的阵缩而排出胎儿。

（2）有利于精子的获能、胚胎的附植和妊娠　子宫内膜的分泌物和渗出物，可为精子获能提供环境，又可供给孕体从囊胚到附植的营养需要。怀孕时，子宫内膜形成母体胎盘，与胎儿胎盘结合成为胎儿母体间交换营养和排泄物的器官。子宫是胎儿发育的场所，随胎儿生长的要求在大小、形态及位置上发生显著变化。

（3）对卵巢机能的影响　在发情季节，如果母牛羊未孕，在发情周期的一定时期，一侧子宫角内膜所分泌的前列腺素对同侧卵巢的发情周期黄体有溶解作用，以致黄体机能减退，垂体又大量分泌促卵泡素，引起卵泡发育成长，导致发情。

（4）精子的贮存和筛选　子宫颈是精子的“选择性贮库”之一，子宫颈黏膜分泌细胞所分泌的黏液，将一些精子导入子宫颈黏膜隐窝内。宫颈可以滤除缺损和不活动的精子，所以它是防止过多精子进入受精部位的栅栏。

四、阴道

阴道既为母牛羊的交配器官，又为胎儿娩出的通道。其背侧为直肠，腹侧为膀胱和尿道。阴道除是交配器官外，也是交配后的精子贮库，并不断向子宫供应精子。阴道的生化和微生物环境能保护生殖道不遭受微生物入侵。阴道通过收缩、扩张、复原、分泌和吸收等功能，排出子宫黏膜及输卵管的分泌物，同时作为分娩时的产道。

五、外生殖器官

外生殖器官主要包括尿生殖前庭、阴唇和阴蒂等。尿生殖前庭为从阴瓣到阴门裂的部分，前高后低，稍为倾斜。在前庭两侧壁的黏膜下层有前庭大腺，为分支管状腺，发情时分泌增多。阴唇分左右两片构成阴门，其上下端联合形成阴门的上下角。牛、羊的阴门下角呈锐角，二阴唇间的开口为阴门裂。阴唇的外面是皮肤，内为黏膜，二者之间有阴门括约肌及大量结缔组织。

阴蒂由两个勃起组织构成，相当于公牛羊的阴茎。阴蒂头相当于公牛羊的龟头，富有感觉神经末梢，位于阴唇下角的阴蒂凹内。

第二章 牛羊的生殖激素

第一节　概述

一、调节繁殖机能的器官和组织

动物繁殖以性腺活动为基础，即性腺产生雌、雄配子，配子受精形成合子继而发育成新的个体。同时，性腺还产生性激素，引起一系列形态、行为、生理生化变化。性腺活动受垂体、下丘脑以及更高级神经中枢的调节，从而构成大脑-下丘脑-垂体-性腺相互调节的复杂系统。此外，繁殖过程还涉及其他外周器官的活动。

1. 大脑边缘系统

动物繁殖机能的发育和建立、繁殖过程和繁殖行为等，都受外界因素（如光照、温度等）的影响。中枢神经系统感受这些外界刺激，并做出反应，进而调节动物内分泌机能和行为。高等脊椎动物中枢神经系统是由古皮层、旧皮层演化成的大脑组织及与其有密切联系的神经结构和核团的总称。边缘系统是大脑皮层的周边部位及皮层覆盖的一系列互相连接的神经核团。

大脑边缘系统包括大脑边缘叶的皮质及皮质下核、边缘中脑区和边缘丘脑核等部分。其中，大脑边缘叶皮质主要包括海马和齿状回等组成的古皮层、前梨状区和内嗅区等组成的旧皮层、扣带回和海马回等组成的中皮层以及新皮层。皮质下核有杏仁复合体、隔核、下丘脑诸核、丘脑上部缰核、丘脑前核及部分基底神经节。

边缘系统与动物行为、内分泌、血压、体温和内脏活动等均有关。对于繁殖机能而言，边缘系统也是高级控制中枢，与性成熟、性行为、促性腺激素释放等有密切关系。

2. 下丘脑

下丘脑又称为丘脑下部，属于大脑边缘系统。下丘脑包括第三脑室底部和部分侧壁。在解剖学上，下丘脑由视交叉、乳头体、灰白结节和正中隆起组成，底部突出以垂体柄和垂体相连。

下丘脑的组织构造可分为两侧的外侧区和中间的内侧区，均含有许多神经核。外侧区的神经核群统称为下丘脑外侧核。内侧区的神经核群包括前组的视前核、前下丘脑核、视交叉上核、视上核和室旁核等；结节组的背内侧核、腹内侧核和弓状核等；后组的乳头体核等。结节组又称为促垂体区，是神经内分泌的主要区域。下丘脑是调节繁殖活动的直接中枢。

3. 垂体

（1）垂体的解剖特点　垂体是内分泌的主要腺体，它分泌的多种激素对繁殖活动发挥重要的调节作用。

垂体位于大脑基部称为蝶鞍的骨质凹内，故又称为脑下垂体。垂体主要由前叶和后叶及两者之间的中叶组成。不同动物垂体中叶发育程度不一，如牛垂体发育良好，羊则不是很发达。垂体前叶主要是腺体组织，又称为腺垂体，包括远侧部和结节部；垂体后叶主要为神经部，称为神经垂体。

（2）垂体与下丘脑的解剖学关系　垂体通过垂体柄与下丘脑相连。垂体后叶为垂体柄的延续部分，来自下丘脑神经核（神经内分泌细胞）的神经纤维终止于垂体后叶，并和血管接触，下丘脑合成的垂体后叶素在此贮存并释放进入血液。

垂体前叶与下丘脑的关系要比垂体后叶复杂得多。过去一直认为，下丘脑对垂体前叶内分泌活动的调控只有体液途径，即进入垂体的血管——垂体（前）上动脉和垂体（后）下动脉在下丘脑漏斗部形成毛细血管网，然后组成垂体门脉，经垂体柄进入垂体前叶组织内。下丘脑各种神经核及其他神经核发出的神经纤维分布到漏斗部的毛细血管网，形成血管神经突触，下丘脑合成的神经激素借助于垂体门脉系统到达垂体前叶，调控前叶的激素合成和释放（图 2-1）。

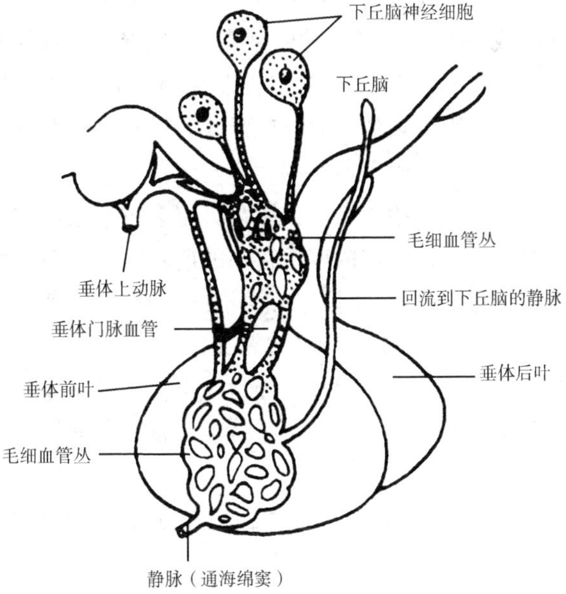

图 2-1　下丘脑与垂体关系示意图

近年来发现，垂体前叶也存在一些肽能神经纤维。这些神经纤维与垂体前叶腺细胞关系密切，并有突触联系，可能参与垂体前叶分泌的调控。

4. 性腺

睾丸和卵巢是重要的内分泌、旁分泌和自分泌器官。

5. 其他器官和组织

子宫、胎盘、松果腺、甲状腺、肾上腺、胰岛、免疫系统等组织器官所分泌的激素或生长因子不同程度、不同范围地参与动物繁殖机能的调节。

二、生殖激素的种类

根据来源和功能可将生殖激素大致分为 4 类：一是来自下丘脑的释放（或抑制）激素（神经激素），负责控制垂体有关激素的释放；二是来自垂体前叶的促性腺激素，负责调控配子的成熟、释放以及性腺激素的分泌；三是来自性腺的性腺激素，对两性行为、第二性征和生殖器官的发育与维持，以及生殖周期的调节起重要作用；四是胎盘激素，胎盘分泌多种激素，与垂体促性腺激素类似。此外，在体内广泛存在的前列腺素，对动物繁殖也有重要的调节作用；外激素是动物不同个体间的“化学通信物质”，在动物繁殖活动中有重要的意义。

根据化学性质，生殖激素可分为 3 类：一是糖蛋白或肽类激素；二是类固醇激素；三是脂肪酸激素（前列腺素）。

第二节　牛羊主要生殖激素及其生理功能

一、促性腺激素释放激素

1. 合成和分布

促性腺激素释放激素主要由下丘脑特异性神经核合成。促性腺激素释放激素神经元的细胞体位于下丘脑的视前区、前区和弓状核。其轴突集中于正中隆起，合成的促性腺激素释放激素在此处以脉冲方式释放到垂体门脉系统。此外，在脑干、杏仁核等下丘脑以外的神经组织中也存在促性腺激素释放激素神经纤维。研究还发现，促性腺激素释放激素在整个脑区均有分布，松果腺、视网膜、性腺、胎盘、肝脏、消化道及颌下腺等多种器官的组织中存在促性腺激素释放激素或促性腺激素释放激素样物质。

2. 化学结构

自 20 世纪 70 年代分离哺乳动物的促性腺激素释放激素并确定其分子结构以来，至今已在脊椎动物中发现了 9 种促性腺激素释放激素分子结构的变异型，其中哺乳动物 1 种，鸟类 2 种，鱼类 4 种，七鳃鳗 2 种。所有促性腺激素释放激素分子均为十肽，其中第 1~4 位氨基酸（N 端）和第 9、10 位氨基酸（C 端）高度保守，而第 8 位氨基酸变动最大，其次是第 5、7 和 6 位。哺乳动物促性腺激素释放激素的分子结构简式见图 2-2。在促性腺激素释放激素分子中，N 端的焦谷氨酸含有内酰胺键，因而没有游离氨基端；C 端的甘氨酸形成酰胺结构，因而也没有游离的羟基端。

促性腺激素释放激素在体内极易失活，因为肽链中第 6 和 7 位、第 9 和 10 位氨基酸之间的肽键极易被裂解酶分解。此外，第 5 和 6 位氨基酸之间的肽键也不稳定。

用 D-氨基酸（如赖氨酸）置换第 6 位的甘氨酸，或去掉第 10 位的甘氨酸后于 9 位的脯氨酸后接上乙酰胺，即合成各种促性腺激素释放激素高活性类似物，如国产的 LRH-A_3 和国外的 Buserelin 等，其生物活性比天然促性腺激素释放激素高数十倍，甚至数百倍。相反，用 D-氨基酸取代第 6 位以外的 L-氨基酸，则合成促性腺激素释放激素拮抗类似物或拮抗剂。

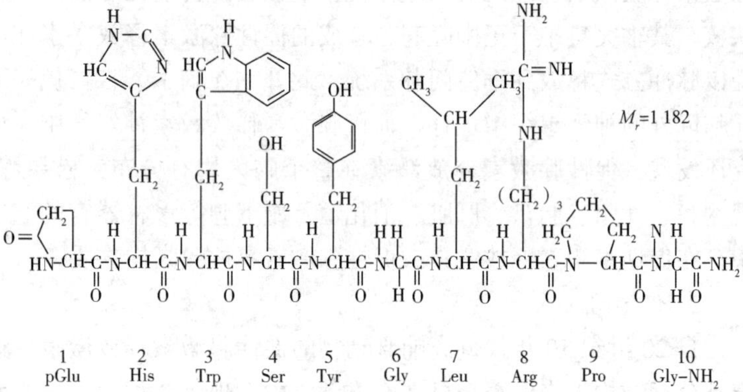

图 2-2　哺乳动物促性腺激素释放激素的分子结构

3. 生理作用及其机理

(1) 生理作用　已知促性腺激素释放激素分布广泛，除垂体外，还在多种组织（如交感神经系统、视网膜、肾上腺、性腺、胎盘、乳腺、胰脏、心肌、肺和某些肿瘤细胞）上存在促性腺激素释放激素受体，说明促性腺激素释放激素的功能具有多样性。

促性腺激素释放激素的主要作用是促进垂体前叶促性腺激素的合成和释放，以促黄体素（LH）释放为主，也有促卵泡素（FSH）释放的作用。然而，长时间或大剂量应用促性腺激素释放激素及其高活性类似物，会出现抗生育作用，即抑制排卵、延缓胚胎附植、阻碍妊娠甚至引起性腺萎缩。这种作用与促性腺激素释放激素本来的生理作用相反，故称为促性腺激素释放激素的异相作用。

已知分布在不同器官的促性腺激素释放激素，其作用也不同。如人胎盘绒毛膜的促性腺激素释放激素调节绒毛膜促性腺激素等多种绒毛激素的释放；促性腺激素释放激素对性腺也有直接的调节作用。以上这些作用称为促性腺激素释放激素的垂体外作用。

（2）作用机理　肽类激素的受体存在于靶细胞的细胞膜上。在垂体促性腺激素分泌细胞的细胞膜上存在着分子的量约 100 ku 的促性腺激素释放激素受体。当促性腺激素释放激素与受体结合后，通过微聚作用激活两条途径（图 2-3）：一是促进细胞外 Ca^{2+} 内流；二是激活与受体偶联的鸟嘌呤核苷酸结合蛋白（G 蛋白），G 蛋白激活磷脂酶 C。磷脂酶 C 使肌醇磷脂（PI）水解为甘油二酯（DAG）和三磷酸肌醇（IP_3）。IP_3 可促使动物动用细胞内 Ca^{2+} 库中的 Ca^{2+}。胞外 Ca^{2+} 的内流和胞内 Ca^{2+} 的动用，使胞内 Ca^{2+} 浓度上升，激活钙调蛋白。甘油二酯可激活蛋白激酶 C

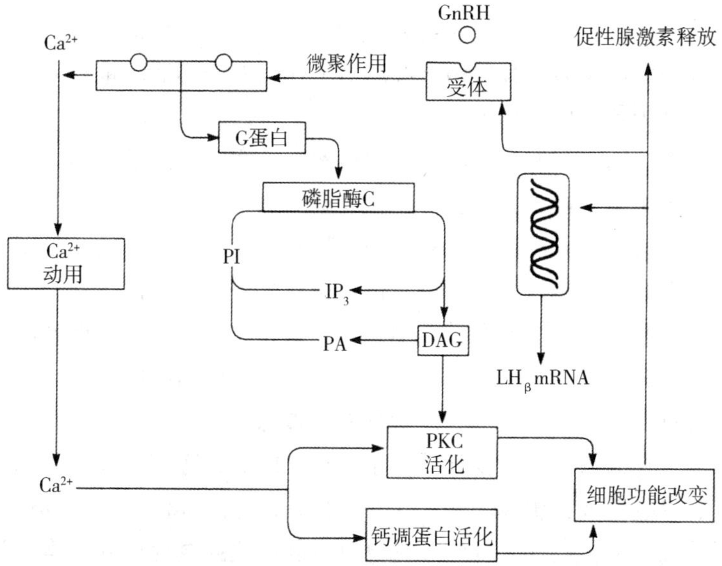

图 2-3　促性腺激素释放激素作用机理模式图

（PKC）。蛋白激酶 C 和钙调蛋白活化激发一系列的蛋白质磷酸化作用，改变细胞功能，引起促性腺激素的合成和释放。

4. 促性腺激素释放激素分泌的调节

下丘脑促性腺激素释放激素分泌细胞（肽能神经元）活动的调节可分为两类：一类属于神经调节，另一类属于体液（激素）调节。

内外环境的变化反映到高级神经中枢，其神经末梢与促性腺激素释放激素神经元的胞体或树突形成突触联系，通过释放神经递质，调节促性腺激素释放激素的分泌。

促性腺激素释放激素分泌的激素调节有 3 种反馈机制：一是性腺类固醇通过体液途径作用于下丘脑，调节促性腺激素释放激素的分泌，即长反馈调节；二是垂体促性腺激素通过体液途径对下丘脑促性腺激素释放激素分泌的调节，称为短反馈调节；三是血液中促性腺激素释放激素浓度对下丘脑的分泌活动也有调节作用，称为超短反馈调节。

下丘脑中有两个调节促性腺激素释放激素分泌的中枢：一个为持续中枢，位于下丘脑弓状核和腹内侧核，控制促性腺激素释放激素的基础分泌，雌激素对该中枢有负反馈调节作用；另一个为周期中枢或称排卵前中枢，位于视交叉上核及内侧视前区，高浓度雌激素对该中枢有正反馈调节作用，控制排卵前的促性腺激素释放激素和促黄体素释放。高浓度孕酮则抑制周期中枢。

近年来提出了促性腺激素释放激素脉冲发生器的概念。促性腺激素释放激素脉冲发生器位于下丘脑内侧基底部，包括腹内侧核、弓状核和正中隆起等，相当于持续中枢的部位。这些部位的促性腺激素释放激素神经元自身具有脉冲式释放促性腺激素释放激素的能力，并受来自其他神经元的多种神经递质调控，从而引起垂体促性腺激素的脉冲式释放。

5. 促性腺激素释放激素的应用

由于促性腺激素释放激素及其类似物的大量合成，已在动物繁殖上得到广泛应用。

（1）诱导母牛羊发情排卵　初情期前、产后乏情母牛羊用促性腺激素释放激素处理可促进发情并排卵。母猪发情期注射可增加排卵数和窝产仔数。母牛用促性腺激素释放激素和前列腺素联合处理可提高超数排卵效果。

（2）提高受胎率　在母牛输精的同时注射 LRH-A_3可提高受胎率。

（3）治疗母牛羊不孕症　如卵巢机能障碍引起内分泌紊乱，患胎盘滞留母牛产后 10～18 天注射促性腺激素释放激素可提高受胎率，缩短产后首次配种受胎的间隔时间。

（4）用于鱼类的催情和诱发排卵。

二、催产素

催产素是由下丘脑合成，经神经垂体释放进入血液中的一种神经激素。它是第一个被测定出分子结构的神经肽。

1. 催产素的合成部位及转运

在下丘脑视上核和室旁核含有两种较大的神经元，一种合成催产素，另一种合成加压素。这些神经元被称为大型神经内分泌细胞或大细胞神经元。此外，在视上核和室旁核以外还存在一些附属的神经元群，其中也含有合成催产素和加压素的大细胞神经元。由视上核、室旁核以及附属神经元群发出的神经纤维共同组成下丘脑-神经垂体束，又因其中来自视上核的纤维较多而被称为视上-垂体束，其末梢终止于垂体后叶。催产素和加压素在这些大细胞神经元胞体中合成，以轴浆流动的形式经视上-垂体束转运到垂体后叶。在合成催产素和加压素的同时，视上核和室旁核的大细胞神经元也合成两种激素的运载蛋白。催产素运载蛋白专一性地运载催产素，加压素运载蛋白也具有激素专一性。这两种运载蛋白都存在种属特异性。

最近研究发现，在下丘脑以外的许多脑区、脑脊液以及脊髓中也存在催产素、加压素及其相关的运载蛋白。在卵巢、子宫等部位也产生少量催产素。

2. 催产素的化学结构特性

催产素和加压素都是含有一个二硫键的九肽化合物。它们的结构有共同特点，即在第1~6位氨基酸之间以二硫键相连形成一个闭合的20元环，在C端有一个三肽尾巴。这两种激素结构的区别在于第3位和第8位的氨基酸残基，催产素分别为异亮氨酸和亮氨酸，而加压素分别为苯丙氨酸和精（或赖）氨酸。

3. 催产素的生理作用

催产素和加压素虽然结构相似，但它们作用有很大区别。加压素主要对血管平滑肌起收缩作用（加压作用）和抗利尿作用(又称抗利尿素)。催产素有如下功能。

（1）对子宫的作用　在分娩过程中，催产素刺激子宫平滑肌收缩，促进分娩。

（2）对乳腺的作用　催产素能强烈地刺激乳腺导管肌上皮细胞收缩，引起排乳。

（3）对卵巢的作用　卵巢黄体局部产生的催产素可能有自分泌和旁分泌调节作用，促进黄体溶解（与子宫前列腺素相互促进)。

4. 催产素分泌的调节

催产素分泌一般是神经反射式。在分娩时，由于子宫颈受牵引或压迫，反射性地引起催产素释放。在哺乳期间，幼畜吮乳对乳头刺激也能反射性引起垂体尽快释放催产素。此外，雌激素能促进催产素及其运载蛋白释放，也可促进血液中催产素的分解代谢。

5. 催产素的应用

催产素可用于促进动物分娩，治疗胎衣不下、产后子宫出血和子宫积脓等。

三、促卵泡素和促黄体素

1. 促卵泡素和促黄体素的化学特性

(1) 促卵泡素的化学特性　促卵泡素是一种糖蛋白激素，分子质量约 30 ku。促卵泡素分子是由非共价键结合的 α 和 β 两个亚基组成的异质二聚体。

促卵泡素的 α 和 β 亚基上存在 N 连接的寡糖，即寡糖是与天冬酰胺的酰胺氮共价结合的。还有一种不与 β 亚基结合的游离 α 亚基，在其 43 位苏氨酸上有 1 个 O 连接的寡糖，即寡糖与苏氨酸的羟基氧共价结合，这种寡糖不存在于 $\alpha\beta$ 二聚体的 α 亚基。另外，有的寡糖是巯基化的，有的则是唾液酸化的。

同一种动物各种糖蛋白激素（如促卵泡素、促黄体素、促甲状腺素、孕马血清促性腺激素、人绒毛膜促性腺激素等）的 α 亚基的氨基酸序列均相同。不同动物的促性腺激素 α 亚基氨基酸序列也有很大同源性，例如，牛和绵羊的 α 亚基是同质的，牛和马的约 82%相同，牛和人的约 75%相同。家畜 α 亚基均有 10 个半胱氨酸残基，其位置是高度稳定的，因而不同畜种 α 亚基的二硫键也是相同的。

β 亚基决定激素的生物学特异性，但只有与 α 亚基结合才有生物学活性。β 亚基包含 12 个半胱氨酸残基，形成 6 个分子内二硫键，这在不同动物种间是高度稳定的。但不同动物的同种激素或同种动物的不同激素，β 亚基的 N 端长短不一。因而，促卵泡素的种属差异较大。

促卵泡素的生物学活性与 pH 有关，即酸性越弱，生物学活性越强。寡糖基团还与激素在血液中的清除率（半衰期）有关。

（2）促黄体素的化学特性　促黄体素也是一种糖蛋白激素，分子质量约 30 ku，由 α 和 β 两个亚基组成。同一种动物 α 亚基与促卵泡素亚单位氨基酸顺序相同。β 亚基则决定激素的特异性。

2. 促卵泡素和促黄体素的合成、贮存与释放

促性腺激素在有节律的下丘脑促性腺激素释放激素的刺激下，于垂体前叶合成和释放。

促性腺激素最初以较大的前体形式合成，然后酶解，去除不必要的氨基酸序列，合成后再加上寡糖，最后寡糖本身又被修饰。α 和 β 亚单位组装成最终产物。当 α 亚单位过量产生时，最有利于 α 和 β 亚单位的组装，但机理尚不清楚。

一般说来，垂体和胎盘促性腺激素一旦进入血液循环就不再被修饰，保持与合成、分泌时同样的分子形式。促性腺激素清除的代谢途径不清楚。但 80%~90% 在体内降解，只有少量从尿中排出。

3. 促卵泡素和促黄体素的生理作用

（1）促卵泡素的生理作用　促卵泡素促进卵巢卵泡的生长，促进卵泡颗粒细胞的增生和雌激素合成与分泌，刺激卵泡细胞上促黄体素受体产生；促进睾丸足细胞合成和分泌雌激素，刺激生精上皮的发育和精子发生（在次级精母细胞及其以前阶段，促卵泡素起重要作用，此后由睾酮起主要作用）。

（2）促黄体素的生理作用　在雌性动物，促黄体素促进卵泡的成熟和排卵；刺激卵泡内膜细胞产生雌激素（为颗粒细胞合成雌激素提供前体物质）；促进排卵后的颗粒细胞黄体化，维持

黄体细胞分泌孕酮。在雄性动物，促黄体素刺激睾丸间质细胞合成和分泌睾酮，促进副性腺的发育和精子最后成熟。

4. 促卵泡素和促黄体素分泌的调节

（1）促卵泡素分泌的调节　促卵泡素分泌是脉冲式的。促卵泡素的合成与分泌受下丘脑促性腺激素释放激素和性腺激素的调节。来自下丘脑的促性腺激素释放激素脉冲式释放经垂体门脉系统进入垂体前叶，促进促卵泡素的合成与分泌。而来自性腺的类固醇激素则通过下丘脑对促卵泡素的释放呈负反馈抑制作用。促卵泡素基础分泌对于性腺类固醇负反馈的反应性比促黄体素更强。性腺抑制素则是抑制促卵泡素分泌的另一因素。许多哺乳动物在排卵后促卵泡素分泌突然上升，在黄体期也有促卵泡素小高峰出现，这是由于雌激素和抑制素下降造成的。在雄性动物，睾酮和抑制素是主要的抑制因子。此外，激活素、卵泡抑素、转化生长因子β等性腺肽对促卵泡素分泌也有调节作用。

（2）促黄体素分泌的调节　促黄体素的基础分泌呈脉冲式。脉冲的频率和振幅因动物种类和生理状态而异。

促黄体素的脉冲式分泌受下丘脑促性腺激素释放激素的调节。促性腺激素释放激素作用于腺垂体细胞引起促黄体素的合成和释放。下丘脑持续中枢控制促黄体素的基础分泌。在多数生理条件下，促黄体素脉冲与促性腺激素释放激素脉冲是一致的。然而，当促性腺激素释放激素脉冲频率极高时，如去势后、绝经期、排卵前促性腺激素释放激素或药理性刺激，促黄体素脉冲将由于基础浓度的增加而钝化。当垂体对促性腺激素释放激素的反应性低时，促黄体素脉冲与促性腺激素释放激素脉冲的关系也不明显。大剂量或连续注射促性腺激素释放激素导致垂体的反应进行性下降。这种现象称为去敏作用。动物在自然生理条件下，不存在这种作用。

另外，调节促黄体素分泌的机制是反馈调节。雌二醇、孕酮和睾酮可降低下丘脑促性腺激素释放激素脉冲释放频率，从而降低促黄体素脉冲频率，形成负反馈。然而，在发情周期中，经过最初的抑制阶段后，在卵泡发育后期，卵泡分泌的雌激素作用于下丘脑周期中枢发挥正反馈作用，引起促性腺激素释放激素大量分泌，产生排卵前促黄体素峰。

5. 促卵泡素和促黄体素的应用

(1) 促卵泡素的应用　畜牧业上，促卵泡素通常用于动物的超数排卵。此外，在诱发排卵、治疗性欲缺乏、卵泡发育停滞和持久黄体等方面也有应用。

(2) 促黄体素的应用　促黄体素常用于诱导排卵、治疗黄体发育不全和卵巢囊肿等。一般先用孕马血清促性腺激素或促卵泡素促进卵泡发育，然后注射促黄体素或人绒毛膜促性腺激素促进排卵。

四、促乳素

1. 促乳素的化学特性

促乳素为蛋白质激素，属于促乳素、生长激素和胎盘促乳素家族，它们由共同的祖先基因进化而来。人促乳素 cDNA 长度为 914 个核苷酸，其中含 681 个核苷酸的开放阅读框，编码 227 个氨基酸的促乳素前体，其中有 28 个氨基酸的信号肽，成熟的人促乳素由 199 个氨基酸组成。绵羊、猪和牛促乳素也含 199 个氨基酸，分子质量为 23 ku。促乳素是单链分子，6 个半胱氨酸残基之间形成 3 个分子内二硫键。灵长类动物种间促乳素分子有 97%的同源性，灵长类与啮齿动物之间有 56%的同源性。

2. 促乳素合成和分泌部位

促乳素由垂体前叶合成。垂体前叶细胞中 20%～50%为促乳素细胞，它们与生长激素细胞和促甲状腺素细胞来自共同的祖先细胞。此外，有一种中间型细胞称为促乳生长激素细胞，可分泌促乳素和生长激素。它们在雌激素作用下，或在早期泌乳期间信号作用下，可分化为促乳素细胞。其他部位（如中枢神经系统、胎盘、羊膜、蜕膜、子宫、乳腺和免疫系统）也能合成促乳素。

3. 促乳素的生理作用

（1）泌乳　促乳素对乳腺的生长和发育、乳汁的合成和分泌都有作用。乳腺小叶生长和发育需要促乳素、雌激素、孕激素和糖皮质激素协同作用。妊娠期，导管分支和腺泡的发育由孕酮和促乳素调控。促乳素能刺激氨基酸摄取、乳糖及乳脂合成。

（2）黄体功能　促乳素对黄体功能的影响随动物种类和周期阶段而异。在啮齿动物，交配刺激后促乳素有促黄体作用。在犬和灵长类，促乳素也是促黄体因子之一。

（3）繁殖行为　促乳素对雌性动物性行为的作用不是很确定。在大鼠和绵羊，促乳素对雄性性行为有明显的抑制作用。促乳素诱导和维持双亲行为，包括筑巢、成群、抱窝和哺育幼仔等母性行为，父性行为也需要促乳素，这在鱼和鸟类表现明显。

五、马绒毛膜促性腺激素

1. 马绒毛膜促性腺激素的产生部位及其浓度变化

经典学说认为，马绒毛膜促性腺激素是由妊娠母马子宫内膜杯组织（母体胎盘）产生。马绒毛膜促性腺激素主要存在于血清中，为此也称为孕马血清促性腺激素。从妊娠 38～40 天母马的血液中即可测出，45～90 天浓度最高（浓度可达 250 国际单位/毫升），此后逐渐下降，110 天后下降迅速，到 170 天时已检测不出。血清中马绒毛膜促性腺激素浓度与孕马体格有关，轻型马浓度较高，重型马较低。其他马属动物妊娠期间也产生马绒毛膜促性腺激素，且不同的杂交类型，血清中浓度不同。一般地，公马配母驴时浓度最高，其次是母马怀马胎，再次是公驴配母马，最低是母驴怀驴胎。

2. 马绒毛膜促性腺激素的生化特性

马绒毛膜促性腺激素是一种糖蛋白激素，分子质量约 53 ku，由 α 和 β 亚基组成。α 亚基与其他糖蛋白激素（促卵泡素、促黄体素、促甲状腺素、人绒毛膜促性腺激素）相似，而 β 亚基兼有促卵泡素和促黄体素两种作用，但只有与 α 亚基结合才表现生物学活性。马绒毛膜促性腺激素分子的特点是含糖量很高（41%～45%），远远高于马垂体促卵泡素和促黄体素糖基部分的含量(25%左右)。这种含糖量的差异主要表现在 β 亚基上。在马绒毛膜促性腺激素的糖基组成中，包括中性已糖、氨基已糖和大量的唾液酸。唾液酸含量高使得马绒毛膜促性腺激素表现酸性特点(pH 值为 1. 8～2. 4)，也使得马绒毛膜促性腺激素半衰期长(40～125 小时)。马绒毛膜促性腺激素的多肽部分由 20 种氨基酸组成，氨基酸序列更接近于促黄体素。

3. 马绒毛膜促性腺激素的生理功能及应用

由于马绒毛膜促性腺激素具有促卵泡素和促黄体素双重活性，在畜牧生产和兽医临床上被广泛应用。国内马绒毛膜促性腺激素的制剂仍称为孕母血清促性腺激素。

①用于超数排卵。用马绒毛膜促性腺激素代替价格较贵的促卵泡素进行超数排卵处理，取得一定效果。但由于马绒毛膜促性腺激素半衰期长，在体内不易被清除，一次注射后可在体内存留数天甚至1周以上，残存的马绒毛膜促性腺激素影响卵泡的最后成熟和排卵，使胚胎回收率下降。在用马绒毛膜促性腺激素进行超数排卵处理时，补用马绒毛膜促性腺激素抗体（或抗血清），中和体内残存的马绒毛膜促性腺激素，可明显改善超数排卵反应。

② 治疗雌性动物乏情、安静发情或不排卵。

③ 提高母羊的双羔率。

④ 对治疗雄性动物睾丸机能衰退或死精有一定效果。

六、人绒毛膜促性腺激素

1. 人绒毛膜促性腺激素的产生部位和分布

人绒毛膜促性腺激素由人类胎盘绒毛膜的合胞体滋养层细胞合成和分泌，大量存在于孕妇尿中，血液中亦有。采用灵敏的放射免疫测定法，在受孕后 8 天的孕妇尿中即可检出人绒毛膜促性腺激素。妊娠 60 天左右，尿中人绒毛膜促性腺激素浓度达高峰，妊娠 150 天前后降至低浓度。

2. 人绒毛膜促性腺激素的生化特性

人绒毛膜促性腺激素也是一种糖蛋白激素，分子质量约 36. 7 ku，由 α 亚基和 β 亚基组成。其中 α 亚基含 92 个氨基酸残基，β 亚基含 145 个氨基酸残基。在人绒毛膜促性腺激素分子中，糖的含量较高（29%~31%）。α 亚基含有 2 个体积较大的糖链，通过 N 糖苷键分别结合在 52 位和 78 位的天冬酰胺上；β 亚基除了在 13 位和 30 位的天冬酰胺上有 N 糖苷键结合糖链外，还在 C 末端附近含有 4 个与丝氨酸（分别在 121、127、132 和 138 位）结合的 O 糖链。

α 亚基在人绒毛膜促性腺激素与受体结合中起主要作用，但 α 和 β 亚基形成完整的人绒毛膜促性腺激素分子是其与受体专一性结合的重要前提。β 亚基决定激素的特异性。

糖链对于血液循环中的人绒毛膜促性腺激素分子有保护作用，而且对于激素生物学功能的表达是必需的。另外 α 和 β 亚基中各有 2 个 N 糖链，但 α 亚基上的糖链对于人绒毛膜促性腺激素功能的表达比 β 亚基上的糖链更重要，其中糖链末端的唾液酸是影响激素活性的重要糖基。

3. 人绒毛膜促性腺激素的生理功能及应用

人绒毛膜促性腺激素的生物学作用与促黄体素相似。在孕妇体内，其主要功能可能是维持妊娠黄体。而用人绒毛膜促性腺激素处理动物时，它可促进卵泡成熟和排卵并形成黄体。在雄性动物人绒毛膜促性腺激素则刺激睾丸间质细胞分泌睾酮。

人绒毛膜促性腺激素制剂从孕妇尿或刮宫液中提取，以促黄体素活性为主，亦具有促卵泡素活性，在临床上，多应用于促进排卵和黄体机能。通常与马绒毛膜促性腺激素或促卵泡素配合使用，即先用马绒毛膜促性腺激素或促卵泡素促进卵泡发育，在动物发情时注射人绒毛膜促性腺激素促进排卵。此外，人绒毛膜促性腺激素可用于治疗卵巢囊肿、排卵障碍等繁殖障碍。在雄性动物，人绒毛膜促性腺激素具有促进生精机能。

七、雄激素

雄激素的主要存在形式是睾酮和双氢睾酮。在分泌雄激素的细胞中，雄烯二酮在17β-羟脱氢酶催化下转化成睾酮。5α-还原酶催化睾酮转化为双氢睾酮。雄激素在组织内不存留，很快被利用或被降解而通过尿液或粪便排出体外。

双氢睾酮与睾酮拥有同一种受体，且双氢睾酮与受体的亲和力远大于睾酮，所以认为双氢睾酮是体内活性最强的雄激素。实际上，双氢睾酮是睾酮在靶细胞内的活性产物。但更高浓度的睾酮与双氢睾酮一样可与受体结合形成激素-受体复合物。虽然它们能与同一种受体相结合，但发挥的生物学作用不完全相同，双氢睾酮一方面可扩大或强化睾酮的生物学效应，另一方面调节某些特殊靶基因的特异性功能。

1. 雄激素的生理作用

① 在雄性胎儿性分化过程中，睾酮刺激沃尔夫氏管发育成

雄性内生殖器官（附睾、输精管等）；双氢睾酮刺激雄性外生殖器官（阴茎、阴囊等）发育。

② 睾酮启动和维持精子发生，并延长附睾中精子的寿命；双氢睾酮在促进雄性第二性征和性成熟中起着不可替代的作用。

③ 雄激素刺激副性腺的发育。

④ 睾酮作用于中枢神经系统，与雄性性行为有关。

⑤ 睾酮对下丘脑或垂体有反馈调节作用，影响促性腺激素释放激素、促黄体素和促卵泡素分泌。

⑥睾酮对生殖系统以外的作用。如增加骨质生成和抑制骨吸收；激活肝酯酶，加快高密度脂蛋白的分解，脂质沉积加快。

2. 雄激素的应用

① 睾酮在临床上主要用于治疗雄性动物性欲低下或性机能减退，但单独使用不如睾酮与雌二醇联合处理效果好。

② 合成雄激素制剂，注射给母牛或去势牛，可使之作为试情牛。

八、雌激素

1. 雌激素的来源

卵巢、胎盘、肾上腺以及睾丸等都分泌雌激素，而以卵巢分泌量最高。卵巢内雌激素主要由卵泡颗粒细胞分泌。卵泡在促黄体素的作用下，卵泡内膜细胞产生睾酮，进入颗粒细胞中；促卵泡素刺激颗粒细胞芳香化酶活性，在该酶的催化下睾酮转化成雌二醇。在睾丸中，促黄体素刺激间质细胞产生睾酮，进入精细管中的足细胞内，在促卵泡素刺激下足细胞内的睾酮转化成 E_2。在卵巢和睾丸中产生雌激素的这种模式称为双细胞-双促性腺激素模式。

卵巢中产生的雌激素包括雌二醇和雌酮，两者可以互相转化（17β-羟类固醇脱氢酶催化）。雌酮又可以转化成雌三醇。除天然雌激素外，已人工合成了许多雌激素制剂，如己烯雌酚、己雌酚、苯甲酸雌二醇等。

2. 雌激素的生理功能

雌激素是雌性动物性器官发育和维持正常雌性性机能的主要激素。雌二醇是主要的功能形式，有以下主要生物学作用。

① 雌激素促进雌性动物的发情表现和生殖道生理变化。例如，促使阴道上皮增生和角质化；促使子宫颈管道松弛并使其黏液变稀薄；促使子宫内膜及肌层增长，刺激子宫肌层收缩；促进输卵管的增长并刺激其肌层收缩。这些变化有利于交配、配子运行和受精。刺激子宫内膜合成和分泌 $PGF_{2\alpha}$，使黄体溶解，发情期到来。诱导输卵管上皮的分泌活性。

② 雌激素作为妊娠信号，有利于妊娠的建立。如猪的早期胚胎附植需要雌激素。

③ 雌二醇与促乳素协同作用，促进乳腺导管系统发育。

④ 雌激素通过对下丘脑的反馈作用调节促性腺激素释放激素和促性腺激素分泌。雌二醇的负反馈作用部位在下丘脑的持续中枢，正反馈作用部位在下丘脑的周期中枢（引起排卵前促黄体素峰）。因此，在促进卵泡发育、调节发情周期中起重要作用。

⑤ 少量雌二醇促进雄性动物性行为。在雄性动物的性中枢神经细胞中，睾酮转化成雌二醇，是引起性行为的机制之一。但大量的雌激素使雄性动物睾丸萎缩、副性器官退化，造成不育。

⑥ 雌激素影响骨代谢。肠、肾、骨等组织有雌激素受体。雌激素作用于这些组织，促进钙的吸收，减少钙的排泄，抑制骨吸收，强化骨形成，抑制长骨增长。

3. 雌激素制剂的应用

有多种雌激素制剂在畜牧生产和兽医临床上应用，其中最常用的是己烯雌酚和苯甲酸雌二醇。

① 治疗母牛羊乏情。注射己烯雌酚或雌二醇可使雌性动物表现发情，但不一定引起排卵，故受孕率低。

② 治疗母牛持久黄体。通过诱导 $PGF_{2\alpha}$ 的合成引起黄体退化、母牛发情。

③ 雌激素可用于牛、羊的引产和猪的同期发情。因为雌激素在母猪具有促黄体作用，故先用雌激素处理保持黄体期，然后统一停用雌激素并注射 $PGF_{2\alpha}$，即可引起黄体退化，母猪同期发情。

④ 雌激素与催产素配合可治疗母牛子宫疾病（如慢性子宫内膜炎、子宫积脓或积水）。因为两者协同促进子宫收缩，增加子宫内膜血液循环，增强子宫内膜的防御机能。

⑤ 利用雌激素制剂对人工诱导泌乳有一定作用。

九、孕激素

1. 孕激素的来源

孕激素主要来源于卵巢的黄体细胞。此外，肾上腺、卵泡颗粒细胞和胎盘等也分泌孕激素。睾丸中也曾分离出孕酮，这主要是雄激素合成过程中的中间产物。孕酮（P_4）是活性最高的孕激素。孕酮是雌激素和雄激素的共同前体。

2. 孕激素的生物学作用

孕激素和雌激素作为雌性动物的主要性激素，共同作用于雌性生殖活动，两者的作用既相互抗衡，又相互协同。两者在血液中的浓度是此消彼长。孕酮的主要靶组织是生殖道和下丘脑-垂体轴。总体说来，孕酮对生殖道的作用主要是维持妊娠。孕酮对生殖道的作用需要雌激素的预作用，雌激素诱导孕酮受体产生。相反，孕酮降低调节雌二醇受体，阻抗雌激素作为促有丝分裂因子的许多作用。孕激素的主要生物学作用有以下几个方面。

① 在黄体期早期或妊娠初期，孕激素促进子宫内膜增生，使腺体发育、功能增强。这些变化有利于胚胎附植。

② 在妊娠期间，孕激素抑制子宫的自发活动，降低子宫肌层的兴奋作用，还可促进胎盘发育，维持正常妊娠。

③ 大量孕酮抑制性中枢使动物无发情表现，但少量孕酮与雌激素协同作用可促进发情表现。动物的第一个情期（初情期）有时表现安静排卵，可能与孕酮的缺乏有关。

④ 与促乳素协同作用，促进乳腺腺泡发育。

3. 孕激素制剂的应用

多种人工合成的孕激素制剂已用于人类医学、畜牧和兽医领域。主要制剂有甲孕酮、甲地孕酮、16-次甲基甲地孕酮、炔诺酮、氯地孕酮、氟孕酮等。这些合成的孕激素制剂并不都属于类固醇。在人类医学上，主要用于避孕。孕激素制剂在畜牧兽医上有如下用途。

① 孕激素制剂可作为同期发情的药物。

② 孕激素制剂可与其他激素（如 HCG）合用治疗母牛羊乏情或卵巢囊肿。

③ 孕激素制剂可与雌激素和皮质类固醇联用诱导母羊的母性行为。

④ 孕激素制剂可用于保胎。

十、前列腺素

1. 作用机理

前列腺素从细胞中释放，主要是通过有机阴离子转运蛋白多肽家族中的前列腺素转运蛋白（PGT）加速转运而实现，也可能通过其他未知的转运蛋白。

前列腺素有进入细胞核的潜力，与核内受体结合发挥生物学作用。在小鼠和人类，至少有9种已知的前列腺素受体形式，以及几种带不同C末端的剪切变异体。4种受体亚型结合PGE_2（EP_1至EP_4），2种受体结合PGD_2（DP_1和DP_2），而结合$PGF_{2\alpha}$和PGI_2的各有1个单一受体（分别为FP和IP）。

2. 生理作用

不同来源和不同类型的前列腺素具有不同的生物学作用。在动物繁殖过程中有调节作用的主要是PGF和PGE。

(1) 溶解黄体的作用

① $PGF_{2\alpha}$溶解黄体的机理：子宫内膜产生的$PGF_{2\alpha}$引起黄体溶解，这一观点被普遍接受并为大量研究结果所证实。在黄体开始发生退化之前，子宫静脉血中的$PGF_{2\alpha}$或循环血中$PGF_{2\alpha}$的代谢物浓度明显增加；在黄体溶解发生时，$PGF_{2\alpha}$呈现出逐渐明显的分泌波；在黄体期从子宫静脉或卵巢动脉灌注$PGF_{2\alpha}$可诱导同侧卵巢黄体提前溶解；在黄体发生溶解时，从子宫内膜组织分离出的$PGF_{2\alpha}$含量最高。

经典的研究来自绵羊。在解剖构造上，卵巢动脉十分弯曲而紧密地贴附在子宫-卵巢静脉，从而形成子宫-卵巢静脉与卵巢动脉之间的对流系统，使子宫内膜产生的$PGF_{2\alpha}$不经全身循环而就近转移到卵巢引起黄体溶解（图2-4）。$PGF_{2\alpha}$在外周血中很快就转化成代谢产物。

近年来发现，由卵泡颗粒细胞分化的大黄体细胞上存在$PGF_{2\alpha}$受体，而由卵泡内膜细胞分化的小黄体细胞上不存在$PGF_{2\alpha}$受体。因此，$PGF_{2\alpha}$可直接作用于大黄体细胞使之变性和凋亡，并产生细胞毒素而间接引起大黄体细胞变性。$PGF_{2\alpha}$引起大

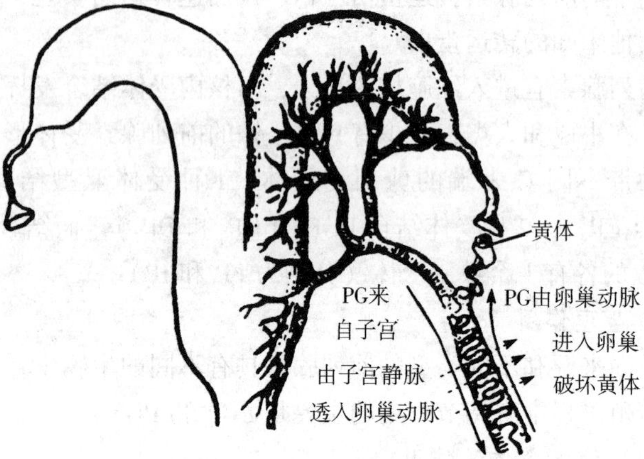

图 2-4　绵羊子宫前列腺素进入卵巢的途径

黄体细胞变性的机制，一种解释可能是由于 $PGF_{2\alpha}$ 抑制促黄体素的促 cAMP 增加和孕酮产生的作用。另一种解释是 $PGF_{2\alpha}$ 促进血管收缩，使流进黄体组织的血流量减少，进而毛细血管变性，出现动静脉吻合枝，导致黄体组织功能和结构发生改变。但学术界对此观点有分歧。

② 影响子宫内膜分泌 $PGF_{2\alpha}$ 的因素。子宫 $PGF_{2\alpha}$ 的分泌受雌激素、孕激素和催产素及其受体的影响。黄体末期，卵泡雌激素产量增加。雌激素促进 $PGF_{2\alpha}$ 的合成和释放。而黄体期孕酮的先期作用对于雌激素诱导的 $PGF_{2\alpha}$ 释放是必需的。近年来的一个重要发现是大黄体细胞能够分泌催产素和催产素结合蛋白。催产素对子宫内膜 $PGF_{2\alpha}$ 的分泌有促进作用。$PGF_{2\alpha}$ 又可刺激催产素从大黄体细胞释放。这种正反馈回路有助于 $PGF_{2\alpha}$ 的渐增阵发性释放，以致引起黄体溶解。

(2) 对下丘脑-垂体-卵巢轴的影响　下丘脑产生的前列腺素参与促性腺激素释放激素分泌的调节，PGF 和 PGE 能刺激垂体释放促黄体素。同时前列腺素对卵泡发育和排卵也有直接作用。

(3) 对子宫和输卵管的作用　$PGF_{2\alpha}$促进子宫平滑肌收缩，有利于分娩。分娩后，$PGF_{2\alpha}$对子宫功能恢复有作用。前列腺素对输卵管的作用较复杂，与生理状态有关。PGF 主要使输卵管口收缩，使受精卵在管内停留；PGE 使输卵管松弛，有利于受精卵运行。

3. 前列腺素的应用

在动物繁殖上应用的前列腺素主要是$PGF_{2\alpha}$及其类似物。已有许多种前列腺素类似物，例如，氯前列烯醇、氟前列烯醇、15-甲基$PGF_{2\alpha}$、$PGF_{1\alpha}$甲酯等。目前国内应用最广的是氯前列烯醇（有人认为应该称为氯前列醇）。$PGF_{2\alpha}$及其类似物主要用于以下几方面。

(1) 诱发流产和分娩　在奶牛上，有时需要进行选择性的流产或诱发分娩，$PGF_{2\alpha}$及其类似物一次注射即可。在母猪，用于统一分娩，有利于分娩监控。

(2) 同期发情和人工控制配种　在奶牛，最普遍的同期发情与人工控制配种的方案是间隔 11 天或 12 天两次注射前列腺素，第二次注射后的一定时间范围内配种或输精。

(3) 治疗生殖机能紊乱　对子宫病理变化导致的持久黄体及伴随子宫积脓，用前列腺素治疗效果良好。用前列腺素治疗黄体囊肿，可有效地消除囊肿，恢复发情周期。

(4) 排出木乃伊胎儿　有木乃伊胎儿的奶牛，常伴有不消退的黄体。用前列腺素结合人工辅助，有利于排出木乃伊胎儿。

(5) 治疗乏情　对乏情的母牛，经检查有黄体存在，用前列腺素治疗可取得满意效果。

第三章 牛羊的生殖生理

第一节 公牛羊的生殖生理

一、精子

1. 精子的形态与结构

公牛羊的精子形似蝌蚪，分为头、颈、尾三部分（图 3-1）。

（1）头部　雄性动物精子的头部呈扁椭圆形，主要由核构成，其中含有染色质，其最重要的成分是 DNA。精子核的前部为顶体，其中含有许多酶类，与受精有关。精子的顶体在衰老时容易变性，出现异常或从头部脱落，是评定精液品质的指标之一。

（2）颈部　位于头和尾之间，外界环境不适会引起精子颈部畸形。

（3）尾部　是精子的运动器官，可分为中段、主段、尾段三部分。

2. 精子的生理特性

（1）精子的代谢

① 精子的糖酵解。通常精清中存在的可被精子直接分解产生能量的是果糖。在有氧或无氧的条件下，精子把精清（或稀释液）中的果糖（葡萄糖）分解成乳酸而释放能量的过程叫作糖

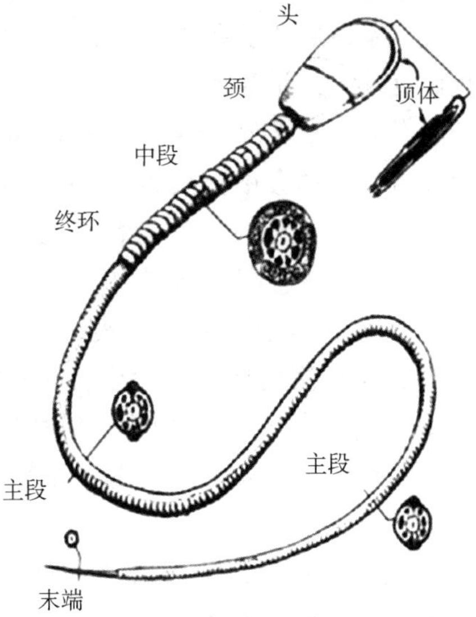

图 3-1　精子结构示意图

酵解。精子糖酵解的终末产物是乳酸。

② 精子的呼吸。在有氧条件下，精子可将果糖酵解产生的乳酸，通过呼吸消耗氧进一步分解为二氧化碳和水，产生比糖酵解大得多的能量，称为精子呼吸。

③ 精子对脂类、蛋白质和氨基酸的代谢。当精子外源呼吸的基质枯竭时，可利用脂类、蛋白质和氨基酸获取能量。在正常情况下，精子不从蛋白质的成分中获取能量，表明精液已开始变性。

(2) 精子的运动　精子的运动形式主要有三种：第一种是直线前进；第二种是转圈运动；第三种是原地摆动。其中只有直线前进运动为精子的正常运动形式。

(3) 环境条件对精子的影响

① 温度。精子在相当于体温，即 37 ℃左右的温度下，可保

持正常的代谢和运动状态。当温度继续上升时，精子的代谢提高，生存时间缩短。家畜的精子在 45 ℃以上的温度下，会经历一个极短促的热僵直现象，并迅速死亡。

低温对精子的影响比较复杂。经适当稀释的家畜精液，缓慢降温时，精子的代谢和运动会逐渐减弱，一般在 0~5 ℃基本停止运动，代谢也处于极低的水平，称为精子的“休眠”。但是，未经任何处理的精液，即使急剧降温到 10 ℃以下，精子也会因低温打击，出现“冷休克”，而不可逆地丧失其生存能力。为防止这一现象的出现，在精液的冷冻保存中，在稀释液里加入卵黄、奶类、甘油等“防冷休克”的物质，经特殊的冷冻工艺，可使精液在超低温冷源——干冰（-79 ℃）和液氮（-196 ℃）中长期保存。

② 渗透压。是指精子膜内外溶液浓度不同而出现的膜内外压力差。在高渗透压（高浓度）稀释液中，精子膜内的水分会向外渗出，造成精子脱水，严重时精子会干瘪死亡；在低渗溶液（蒸馏水、常水）中，水会主动向精子膜内渗入，引起精子膨胀变形，最后死亡。精子最适宜的渗透压与精清相等。

③ pH 值。新鲜精液的 pH 值为 7 左右。在一定范围内，酸性环境对精子的代谢和运动有抑制作用；碱性环境则有激发和促进作用。但超过一定限度均会因不可逆的酸抑制或因加剧代谢和运动而造成精子酸、碱中毒而死亡。精子适宜的 pH 值范围一般为 6.9~7.3。

④ 光照。直射的阳光对精子的代谢和运动有激发作用，在精液处理和运输中，应尽量避免阳光的直射，通常采用棕色玻璃容器收集和贮运精液。

（4）精子的凝集　精子的凝集严重影响精子的运动、代谢和受精能力。

二、精液

精液由精子和精清两部分组成，二者的关系如同血液中的血细胞和血浆。

1. 精子的主要化学成分及生理作用

精子的主要化学成分包括核酸、蛋白质、酶和脂质等。核酸是遗传信息的携带者，不仅能将父系遗传信息传递给后代，而且也是决定后代性别的因素；蛋白质包括核蛋白、顶体复合蛋白及尾收缩蛋白三部分，对基因开启、蛋白质分解、受精以及精子的运动等有一定作用；酶与精子活动、代谢及受精有密切关系；脂质是精子的能量来源，也对精子有保护作用。

2. 精清的主要化学成分及生理作用

（1）精清的主要化学成分　由于牛羊副性腺大小、结构的差异，造成精清的化学组成也有明显差异，即使同一个体每次射精的精清成分也有一定的变化。但一般包括糖类、蛋白质、氨基酸、酶类、脂类、维生素以及无机离子等成分。

（2）精清的生理作用　精清在精液中所占比例与动物的种类和射精量有密切关系，精液中精清含量分别为牛 85%、羊 70%。精清的主要生理作用表现为：稀释来自附睾的浓密精子；调整精液 pH 值，促进精子的运动；为精子提供营养物质；保护精子；清洗尿道和防止精液逆流。

三、公牛羊的繁殖特点

1. 初情期与性成熟

（1）初情期　公牛羊的初情期是指公牛羊初次释放有受精能力的精子，并表现出完整性行为的时期，又称为公牛羊的“青春期”。

从这一时期开始，公牛羊开始具有使母牛羊受胎的能力，同时也是公牛羊生殖器官和身体发育最为迅速的生理阶段。初情期标志着公牛羊开始具有生殖能力，但其繁殖力是较低的。公牛羊的初情期要持续几周，才能达到正常的繁殖水平。初情期与体重的关系较为密切。奶牛初情期的体重是成年体重的30%~40%，肉牛则为45%~55%。

初情期受生理环境、光照、父母的年龄、品种、杂种优势、环境温度、体重、断奶前后的生长速度等因素影响。营养水平可调节初情期，饲喂超过正常营养水平可使公牛羊的初情期提前；而饲喂不足、生长缓慢，可推迟初情期。

（2）性成熟　性成熟是继初情期之后，青年公牛羊的身体和生殖器官进一步发育，生殖功能达到完善、具备正常生育能力的年龄。通常公牛羊性成熟要比母牛羊晚些。性成熟是生殖能力达到成熟的标志，对于多数家畜来说，性成熟时身体的发育尚未达到成熟，必须再经过一段时间才能完成这一过程。一般牛为10~18月龄，绵（山）羊5~8月龄。

2. 初配适龄、体成熟、繁殖年限

公牛羊性成熟后，虽然已具备了繁殖能力，而且具有性行为，但还未达到体成熟，尚处于生长发育阶段，因此一般还不适宜配种。

（1）初配适龄　初配适龄是根据公牛羊自身发育状况和使用目的，人为确定的公牛羊第一次适宜配种的年龄。公牛羊初配适龄一般晚于性成熟年龄，但早于体成熟年龄，通常在体成熟或接近体成熟时期，一般在体重达到成年体重的70%以上时，即可用于初配。牛为17个月，绵（山）羊18个月。

（2）体成熟　体成熟是指家畜基本上达到生长发育完成的时期。在正常情况下，各种公牛羊的体成熟年龄为：牛2~3年，绵（山）羊12~15个月。

（3）繁殖年限　公牛羊的繁殖年限是指公牛羊可用于配种或采精的时间。不同的家畜繁殖年限不同，公牛的繁殖年限为10~15年，羊为8~10年。公牛羊的繁殖年限与品种、配种（或采精）频率、饲养管理条件等因素有关。

3. 性行为

（1）性行为和性行为链　性行为是动物在两性接触中表现出来的特殊行为，是由动物体内激素和体外特殊因素（外激素及感官的神经刺激等）共同作用而引发的特殊反应。不同性别具有各自独特的性行为表现形式。

公牛羊在交配（或采精）过程中所表现出来的完整性行为主要包括：求偶、勃起、爬跨、交配、射精及射精结束等步骤。它们是按一定顺序连续发生的系列性行为，因此又称为性行为链(或性行为系列)。公牛羊正常的性行为链是顺利完成交配和采精的必要条件。

（2）交配频率　交配频率是指在一定的时间内，公牛羊与发情母牛羊交配的次数（或采精的次数），也称交配能力。牛、羊的交配频率一般高于猪、马。经长时间休息或季节性配种的牛、羊，其交配能力在开始的几天，可超常发挥，公牛日交配可达十几次，绵羊可达20次以上，但持续的时间很短，若不加以限制就会影响公牛羊的繁殖力和母牛羊的受胎率。

第二节　母牛羊的生殖生理

一、卵子

1. 卵子的形态

哺乳动物的正常卵子（卵细胞）为圆球形。凡是椭圆形或扁圆形的、有大型极体或无极体的、卵黄内有大空泡的、特大或特小的、异常卵裂的等都属于畸形卵子。

2. 卵子的结构

卵子呈球形，其结构包括放射冠、透明带、卵黄膜及卵黄等部分（图 3-2）。

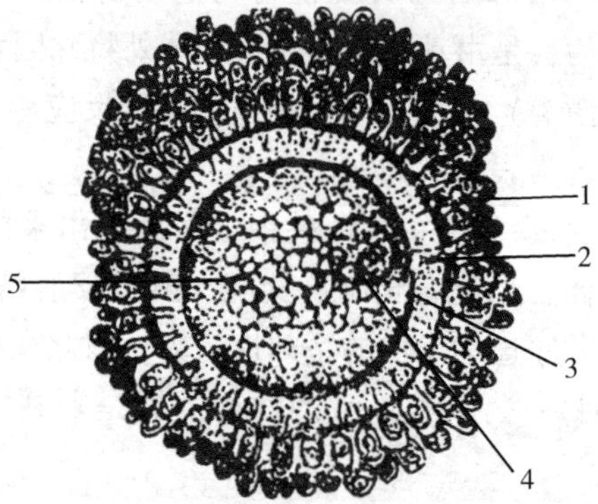

1-放射冠；2-透明带；3-卵黄膜；4-核；5-卵胞质

图 3-2　卵子结构模式图

（1）放射冠　卵子周围致密的颗粒细胞呈放射状排列，故名放射冠。放射冠细胞的原生质伸出部分穿入透明带，并与存在于卵母细胞本身的微绒毛相交织。排卵后数小时，在输卵管黏膜分泌的纤维蛋白分解酶的作用下使放射冠细胞松散、脱落，于是使卵子裸露。放射冠的作用是在卵子的发生过程中起到营养供给和保护作用，有助于卵子在输卵管伞中的运行，在受精过程中对精子有引导和定位作用。

（2）透明带　是位于放射冠和卵黄膜之间的均质而明显的半透膜，主要由糖蛋白组成。其作用是保护卵子，以及在受精过程中发生透明带反应，对精子有选择作用，可以阻止多精子受精，还具有无机盐离子的交换和代谢作用。

（3）卵黄膜　是卵黄外周包被卵黄的一层薄膜，由两层磷脂质分子组成。卵黄膜的作用是保护卵子，以及在受精过程中发生卵黄膜封闭作用，防止多精子受精，且使卵子有选择性地吸收无机盐离子和代谢物质。

（4）卵黄　是位于卵黄膜内部的结构。其中包括线粒体、高尔基体、核蛋白体、多核糖体、脂肪滴、糖原和卵核等组分。刚排卵后的卵核处于第一次成熟分裂中期状态。卵黄的主要作用是为卵子和早期胚胎发育提供营养物质。

排卵时的卵母细胞，卵黄占据透明带以内的大部分容积。而受精后卵黄收缩，并在卵黄膜与透明带之间形成间隙，称为“卵黄周隙”，以供极体贮存。

3. 卵子大小

大多数哺乳动物的卵子，直径为 70~140 微米。不同动物种类的卵子大小有差异，但与成年动物体重比例大小无显著关系。

二、卵泡

1. 卵泡的概念

卵泡是由卵母细胞与包绕它的数个到大量的卵泡细胞共同构成的细胞集团。

2. 卵泡的发育

卵泡发育是指由原始卵泡发育成为初级卵泡、次级卵泡、三级卵泡和成熟卵泡的生理过程。牛羊在初情期前，卵泡虽能发育，但不能成熟和排卵，当发育到一定程度时，便闭锁退化。初情期后，在生殖激素的调节作用下，卵巢上的原始卵泡逐步发育成熟并排卵（图 3–3）。

（1）原始卵泡　原始卵泡是位于卵巢皮质外周体积最小的

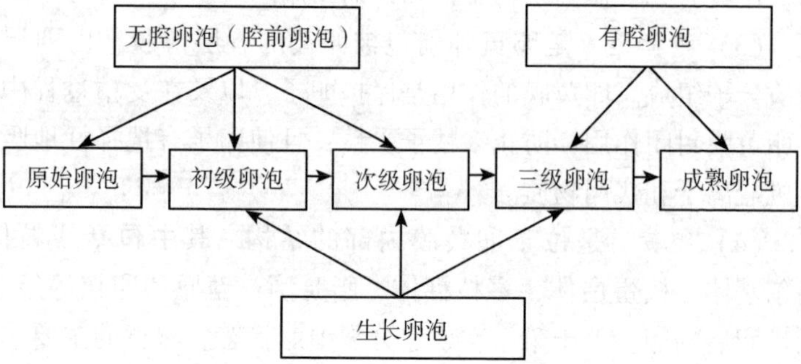

图 3-3　卵泡发育阶段个体结构模式示意图

卵泡，由一层扁平或多角形的体细胞围着停留在核网期的卵母细胞构成。原始卵泡无卵泡腔、卵泡膜，大量原始卵泡在发育过程中退化。

（2）*初级卵泡*　是由卵母细胞和周围单层柱状卵泡细胞组成的卵泡，由原始卵泡发育而来。无卵泡膜和卵泡腔，有不少初级卵泡在发育过程中退化消失。

（3）*次级卵泡*　是由初级卵泡发育而来。位于卵巢皮质深部，由多层圆柱状细胞包围在卵母细胞周围组成，卵泡腔仍未形成。

（4）*三级卵泡*　次级卵泡进一步发育成为三级卵泡。在这一时期，卵泡细胞分泌的液体进入卵泡细胞和卵母细胞之间的间隙，形成卵泡腔。随着卵泡液的增多，卵泡腔液逐渐扩大将卵母细胞挤向一边，卵母细胞包裹在一团颗粒细胞中，形成突出在卵泡腔内的半岛，称为卵丘。其余颗粒细胞紧贴于卵泡腔的周围，形成颗粒细胞层。

（5）*成熟卵泡*　又称葛拉夫卵泡。三级卵泡继续生长，卵泡液增多，卵泡腔增大，卵泡扩展到整个皮质部并突出卵巢表面，卵泡壁变薄，卵泡发育到最大体积，这时的卵泡称为成熟卵泡。不同动物发情时，成熟卵泡的个数差别较大：牛一般有1个，绵羊1~3个。成熟卵泡的大小，牛为12~19毫米，绵羊为5~10毫米，山羊为7~10毫米。

3. 卵泡闭锁和退化

卵泡闭锁现象是大量存在的，在卵泡发育的各个阶段都有发生。卵泡闭锁最多的时期是出生前，出生后较少，而且主要是在初情期前，成年期相对较少。

卵泡的闭锁和退化包括卵泡细胞和卵母细胞的一系列形态学变化。闭锁的卵泡被卵巢中的纤维细胞所包围，最后导致卵泡的消失而形成瘢痕。

4. 排卵

成熟的卵泡破裂后即发生排卵。排卵数在不同的家畜之间差异很大，牛、羊一般每次只排1个卵子，个别也有排2个的。在多胎动物中，若摘除一个卵巢，另一个卵巢的代偿能力增强，明显增加排卵数目，但一般不超过2个卵巢排卵数目的总和。

动物的排卵类型大致分为自发性排卵和诱发性排卵两种。

（1）自发性排卵　卵泡成熟后便自发排卵并自动生成黄体的为自发性排卵。这种类型又分为两种情况：一种是发情周期中黄体的功能可以维持一定时期，且具有功能，如牛、羊等属于这种类型；另一种是除非交配，否则形成的黄体不具备功能，小鼠属于这种类型。如未交配，黄体几乎没有分泌孕酮的功能。

（2）诱发性排卵　只有通过交配或子宫颈受到刺激才能排卵的为诱发性排卵。在发情季节中，卵泡有规律性地成熟和退化，如交配、输精或注射LH激素等皆可引起成熟的卵泡排卵。

5. 黄体的形成与退化

（1）黄体的形成　粒层细胞增生变大，长满整个卵泡腔，并突出于卵巢表面。由于吸取类脂质而使颗粒细胞变成黄色，而称为黄体。同时，卵泡内膜分生出血管，布满于发育中的黄体，随着这些血管的分布，含类脂质的卵泡内膜细胞移至黄体细胞之间，并参与黄体形成。黄体细胞增殖所需要的营养来源于血管供应。如配种妊娠，则黄体一直维持到牛和羊临近分娩前，此时的黄体称为妊娠黄体或称真黄体。在整个妊娠期，黄体持续分泌孕酮，以维持妊娠，到妊娠即将结束时才退化。

（2）黄体的退化　牛和羊如未配种或配种后未孕，黄体即开始逐渐退化，此时的黄体称为周期性黄体或假黄体。黄体退化时，颗粒层细胞退化得很快，表现在细胞质空泡化及胞核萎缩，随着血管的退化，黄体的体积逐渐变小，颗粒层黄体细胞逐渐被成纤维细胞所取代，最后整个黄体被结缔组织所代替，形成一个瘢痂，称为白体。大多数白体存在至下一个周期的黄体期，此时功能性黄体与退化的白体共存。

三、母牛羊的繁殖特点

1. 发情

母牛羊达到一定年龄时，由卵巢上的卵泡发育所引起的、受下丘脑–垂体–卵巢轴系调控的一种生殖生理现象称为发情。

（1）初情期与性成熟

① 初情期。母牛羊第一次出现发情表现并排卵的时期，称为初情期。这时生殖器官迅速发育，开始有繁殖后代的功能。但此时生殖器官还未充分发育，性功能也不完全。

一般牛羊的初情期与体重的关系较为密切。如奶牛达到初情期时的体重是其成年体重的30%～40%，而肉牛是其成年体重的45%～50%，绵羊为40%～63%。生长速度会影响达到初情期的年龄，良好的饲养条件能促进生长、使初情期提早。

② 性成熟。母牛羊在初情期后，经过一段时间，生殖器官发育成熟，发情和排卵正常，并具有正常的生殖能力时称为性成熟。母牛羊从出生至性成熟的年龄，称为性成熟期。性成熟期与初情期有类似的发育规律，品种及饲养水平、出生季节、气候条件等因素都对性成熟期有影响。

（2）适配年龄、体成熟、繁殖年限

① 适配年龄。又称配种适龄，是指适宜配种的年龄。母牛羊的适配年龄应根据具体生长发育情况和使用目的而定，一般在性成熟期以后，但开始配种时的体重应不低于其成年体重的70%。如奶牛为16~18个月，绵（山）羊为12~18个月。

② 体成熟。牛羊出生后达到成年体重的年龄，称为体成熟。母牛羊在适配年龄后配种受胎，身体仍未完全发育成熟，只有在产下2~3胎后，才能达到成年体重。

③ 繁殖年限。又称为繁殖利用年限，是指母牛羊的繁殖能力有一定的年限。繁殖年限的长短因品种、饲养管理条件、环境以及健康状况等不同而异。母牛羊丧失繁殖能力后，便无饲养价值，应及时予以淘汰。

（3）发情征状　正常的发情应包括3个方面的变化：行为变化，生殖道变化，卵巢的变化。发情征状因发情期的不同阶段而有差异，一般在发情盛期最为明显，而在发情前期和后期则减弱。此外，因畜种的不同其表现程度也有所差异，如猪比牛羊明显。

① 行为变化。母牛羊的发情是在卵泡分泌大量的雌激素和少量孕激素的共同作用下，刺激中枢神经系统，引起性兴奋。行为表现为兴奋不安、食欲减退、鸣叫、喜接近公牛羊、举腰弓背、频繁排尿，或到处走动，愿意接受雄性交配，甚至爬跨其他母牛羊或被爬跨。

② 生殖道变化。主要表现在血管系统、黏膜以及黏液的性状等方面。在发情周期中，受激素的影响，生殖道黏膜上皮细胞发生一系列生理变化。以母牛为例，输卵管的上皮细胞在发情时增高，发情后降低。发情后由于受雌激素的作用，子宫腺体生长发育加快，黏液的分泌量和性质发生变化，量由少变多，起初较稀薄，至排卵前黏液逐渐变稠，排卵后由于孕激素的作用，黏液量分泌减少而变干涩。母牛羊在排卵时，引起充血的血管发生破裂，使血液从生殖道排出体外。此类现象在奶牛和黄牛比较多见，其他动物则极少发生这种现象。

③ 卵巢的变化。发情开始之前，卵巢卵泡已开始生长，至发情前2~3天卵泡迅速发育，卵泡内膜增生；到发情时卵泡已发育成熟，卵泡液分泌不断增多，使卵泡容积更加增大，此时卵泡壁变薄并突出于卵巢表面，在激素作用下促使卵泡壁破裂，致使卵子被挤压而排出。

（4）异常发情　常见的异常发情有如下几种。

① 安静发情。是指母牛羊无发情征状，但卵泡能发育成熟并排卵。母牛羊分娩后第一个发情周期以及带仔的牛羊或者每日挤奶次数多的母牛、年轻或体弱的母牛均易发生安静发情。

② 短促发情。主要表现为发情持续时间非常短，如不注意观察，常易错失配种机会，奶牛发生率较高。

③ 断续发情。发情时断时续，整个过程延续很长，常见于早春及营养不良的母羊。其原因是卵泡交替发育所致，使体内雌激素水平时高时低，因此出现发情间断。

④ 持续发情。是慕雄狂的一种征状，常见于牛。表现为持续强烈的发情行为，发情周期不正常，发情期长短不规则。患牛高度兴奋，大声哞叫，阴道黏膜及阴门水肿，从阴门流出透明的黏液，食欲减退，消瘦，被毛粗乱，两侧臀部肌肉塌陷，尾根举

起，频频排尿，经常追逐和爬跨其他母牛，配种后不能受胎。

⑤ 孕后发情。即母牛羊在妊娠后仍出现发情表现。主要原因是由于激素分泌失调，即孕酮分泌不足，而胎盘分泌雌激素过多所致。母牛在妊娠最初的 3 个月内，常有 3%～5%有发情表现；绵羊在妊娠期间约有 30%有发情表现。

（5）产后发情　产后发情是指母牛羊分娩后出现的第一次发情。母牛羊产后发情出现的时间早晚不一，这与饲养管理条件、季节、哺乳时间的长短以及产后有无疾病发生等因素有关。母牛一般可在产后 40～60 天发情；发情季节不明显的母羊大多在产后 2～3 个月发情，不哺乳的母羊可在产后 20 天左右发情。

（6）返情　返情是指在配种后一定时期内（如配种后 1 个情期、2 个情期、3 个情期等）母牛羊再次出现发情，称为返情。配种后一定时期内返情母牛羊的数量越多，表明牛羊群的受胎效果越差。

（7）乏情　乏情是指达到初情期的母牛羊长期不发情的现象，称为乏情。引起母牛羊乏情的因素很多，有季节性的、生理性的和病理性的。

① 季节性乏情。季节性乏情母牛羊在非繁殖季节无发情或发情周期，卵巢和生殖道处于静止状态，这种现象称为季节性乏情。季节性乏情的时间因品种和环境而异，如绵羊比牛明显。绵羊为短日照家畜，乏情常发生于长日照的春、夏季节。

② 生理性乏情。包括泌乳性乏情和衰老性乏情。牛羊在泌乳期间，由于卵巢周期性活动受到抑制而引起的不发情，称为泌乳性乏情。例如，绵羊的泌乳期乏情持续 5～7 周。动物因衰老而乏情，这是自然规律。其原因是下丘脑–垂体–卵巢轴功能减退，导致促性腺激素的分泌量减少或卵巢对这些激素的敏感性降低，不能激发卵巢功能活动而出现乏情。

③ 病理性乏情。包括营养性乏情、应激性乏情和卵巢及子宫异常引起的乏情。日粮营养水平对卵巢活动有显著的影响。如放牧的牛和羊因缺乏磷等微量元素会导致初情期延迟，发情征状不明显，最后停止发情，母牛由于日粮中缺乏锰元素会造成卵巢功能障碍，发情不明显，甚至不发情。应激性乏情引起的原因包括使役过度、畜舍条件太差、惊吓、突然更换饲料、饲喂发霉饲料等。卵巢发育不全、卵巢囊肿、子宫蓄脓、胎儿干尸化、流产可造成乏情期延长，导致牛和羊不发情。

2. 发情周期

母牛羊初情期以后，卵巢出现周期性的卵泡发育和排卵，并伴随着生殖器官及整个机体发生一系列周期性生理变化，这种变化周而复始（非发情季节及妊娠期除外），一直到性功能停止活动的年龄为止，这种周期性的性活动称为发情周期。计算发情周期的时间，是从前次发情开始至下一次发情开始，或者从前次发情结束至下一次发情结束所间隔的时间（发情当天计作零天）。各种动物的发情周期长短不一，同种动物内不同品种以及同一品种不同个体，发情周期也有所不同。绵羊的发情周期平均为 17 天，山羊、牛等动物的发情周期平均为 21 天。

发情周期的划分主要有四分法和二分法。四分法是根据动物的性欲表现及生殖器官变化，将发情周期分为发情前期、发情期、发情后期和间情期；二分法是以卵巢上组织学变化以及有无卵泡发育和黄体存在为依据，将发情周期分为卵泡期和黄体期。

（1）四分法

① 发情前期。上一个发情周期所形成的黄体进一步退化萎缩，卵巢上开始有新的卵泡生长发育，雌激素也开始分泌，阴道和阴门黏膜有轻度充血、肿胀，子宫颈略微松弛，分泌少量稀薄

黏液，但尚无性欲表现。对于发情周期为 21 天的动物，如果以发情征状开始出现时为发情周期第 1 天，则发情前期相当于发情周期第 16~18 天。

② 发情期。动物性欲达到高潮，有明显发情征状，相当于发情周期第 1~2 天。卵巢上的卵泡迅速发育，雌激素分泌增多，使阴道和阴门黏膜充血肿胀明显，子宫黏膜显著增生，子宫颈充血，子宫颈口开张，子宫肌层蠕动加强，有大量透明稀薄黏液排出，愿意接受雄性交配。多数动物在发情期的末期排卵。

③ 发情后期。是排卵后黄体开始形成，发情征状逐渐消失的时期，相当于发情周期第 3~4 天。动物由性欲激动逐渐转入安静状态，卵泡破裂排卵后黄体开始形成，雌激素分泌量减少，孕酮水平增加，使生殖道充血肿胀征状逐渐消退，子宫肌层蠕动减弱，黏液量少而稠，子宫颈口逐渐封闭。

④ 间情期。动物性欲已完全停止，精神状态恢复正常，发情征状完全消失。处于发情周期第 4~15 天。在间情期的前期，黄体继续发育增大，分泌大量孕酮作用于子宫，使子宫黏膜增厚，子宫腺体高度发育，分泌作用加强，产生子宫乳供给胚胎发育所需营养，如果卵子受精，这一阶段将延续下去，动物不再发情。如未孕，则在间情期的后期，增厚的子宫黏膜回缩，呈矮柱状，腺体缩小，腺体分泌活动停止，周期性黄体也开始退化萎缩，卵巢有新的卵泡开始发育，又进入到下一次发情周期的前期。

（2）二分法

① 卵泡期。是指黄体进一步退化，卵泡开始发育直到排卵为止的时期。卵泡期实际上包括发情前期至发情期两个阶段。卵泡期很短，如绵羊的卵泡期为 2 天，而牛为 4~5 天。

② 黄体期。是指从卵泡破裂排卵后形成黄体，直到黄体萎

缩退化为止的时期。黄体期相当于发情后期和间情期两个阶段。黄体期占发情周期的大部分，但是在整个黄体期都存在有腔卵泡，因此，雌性动物的黄体期部分地与卵泡期重叠。

3. 繁殖季节与非繁殖季节

发情周期主要受神经内分泌所调节，也受外界环境条件的影响，尤其是光照，各种家畜所受的影响程度不同，表现也各异。据此可将动物发情周期类型划分为非季节性发情周期（如牛、湖羊以及小尾寒羊等）和季节性发情周期（如绵羊、山羊等）。对于具有季节性发情周期的动物来说，一年中一般可分为繁殖季节和非繁殖季节。

（1）繁殖季节　动物有性活动的时期称为繁殖季节。例如，羊的繁殖季节一般在秋季，常在秋季配种，妊娠期平均为 5 个月，分娩季节在春季，有利于幼羔成活。

（2）非繁殖季节　动物没有性活动的时期称为非繁殖季节。在此季节，卵巢机能处于静止状态，不会发情排卵，称之为季节性乏情期。羊的非繁殖季节往往处于长日照的夏季。此时母羊一般不表现发情。

动物的季节性繁殖并不是固定不变的，随着驯化程度的加深、饲养管理条件的改善、控制光照等，可使动物的繁殖季节发生一定程度的改变，甚至可以变成无季节性。如粗放条件下饲养的绵羊、山羊，其发情季节性明显；平原农区的羊，由于气候温暖，饲草比较充足，经过长期的人工选择和培育，其季节性繁殖的特点不明显，可长年繁殖，1 年产 2 胎或 2 年产 3 胎。

第四章　牛羊的发情鉴定

第一节　发情鉴定的基本方法

结合牛和羊的发情特点，生产中常用的发情鉴定方法有以下几种。

一、外部观察法

主要观察牛和羊的外部表现和精神状态，从而判断其是否发情和发情程度。牛和羊发情时常表现为精神不安、爱走动、食欲减退甚至拒食，外阴部充血肿胀流有黏液，对周围环境或雄性动物的反应敏感。不同动物有各自的特殊表现，如母牛发情时哞叫，爬跨其他母牛等。

二、试情法

专用试情的雄性动物应是体质健壮、性欲旺盛及无恶癖的非种用公畜（最好采用已经做过输精管结扎或阴茎扭转术的公畜，而羊在腹部结扎试情布即可）。在常见家畜中，牛、山羊等发情时有同性相互爬跨行为。根据接受其他发情牛和羊爬跨的安静程度，识别发情牛和羊。此法常结合外部观察法使用，因操作简便、行为明显、容易掌握，适用于各种动物。在生产实践中得到广泛应用。

三、阴道检查法

阴道检查法是将消毒灭菌的阴道开张器或扩张筒插入被检牛的阴道内，借助光源，观察阴道黏膜颜色、充血程度和子宫颈阴道部的松弛状态、子宫颈外口的颜色、开口大小、黏液的颜色、黏稠度及量的大体情况，依此来判断母牛是否发情及其发情进程。此法主要适用于牛。

四、直肠检查法

直肠检查法，是以清洁消毒涂润滑剂的手、臂（最好戴上长臂薄胶手套）伸入绑定好的母牛直肠内，先排出宿粪，再隔着直肠壁以手指轻稳触摸卵巢及其卵泡的变化情况，如卵巢的大小、质地和卵泡发育的部位、大小、弹性、卵泡壁厚薄以及卵泡是否破裂、有无黄体等情况。此法在生产实践中，对牛的发情鉴定效果较为确实，可判定和预测发生排卵时间，减少输精次数和提高受胎率。此方法只适用于牛。

五、发情鉴定的其他方法

1. 生殖激素检测法

随着免疫测定技术的发展，通过对雌性动物体液（血液、血清、乳液和尿液等）的检测，能精确测定出不同生理时期体内各种生殖激素的含量水平和变化规律。

2. 子宫颈黏液分析法

有黏液 pH 值测定法和黏液电测法、子宫颈黏液结晶法、离子选择性电极测定法等。

3. 仿生法

它是用模拟公畜的声音（放录音）和气味（天然或人工合

成的气雾剂），刺激牛和羊的听觉及嗅觉感受器官，观察其受刺激后的反应状况，以判断是否出现发情行为。

4. 阴道细胞学分析法

阴道细胞学分析法是观察发情期阴道角质化上皮细胞及阴道内容物中白细胞、有核的和无核的角质化细胞所占比例来判断发情阶段和推断排卵时间的方法。

5. 发情鉴定器测定法

本法主要用于牛，有时也用于羊。发情鉴定器的原理类似试情法，利用发情动物愿意接受试情公畜爬跨而留下标记。

第二节　牛羊的发情鉴定技术

一、牛的发情鉴定

根据母牛的发情特点，生产中母牛的发情鉴定通常采用外部观察法和直肠检查法。

1. 外部观察法

母牛在发情时外部表现比较明显，根据母牛爬跨和接受爬跨的情况，外阴部的肿胀程度及流出的黏液状况等情况来检出发情母牛，一般早、中、晚各检查 1 次，会有 85%以上的发情牛被检出。根据母牛发情时的外部表现将母牛的发情期分为发情初期、发情盛期和发情后期。

（1）发情初期（不接受爬跨期）　发情母牛试图爬跨其他母牛，但不接受其他母牛的爬跨，表现为兴奋不安，游走于运动场，食欲减退，对环境敏感、哞叫，阴户充血、肿胀、发亮、有透明黏液流出，常有其他母牛嗅闻其外阴部或和其他母牛额对额相对立。

(2) 发情盛期（接受爬跨期） 母牛接受其他母牛的爬跨而站立不动，作交配态。外阴部肿胀明显、皱襞展开、潮红湿润，流出的黏液呈牵缕状。发情母牛精神状态仍表现不安，食欲减退、反刍减少或停止，产奶量下降。

(3) 发情后期（拒绝爬跨期） 此时发情母牛不再接受其他母牛爬跨。外阴部肿胀程度开始减弱，黏液量减少而浓稠，由透明变为乳白色，牵拉成丝。母牛兴奋性明显减弱，开始有食欲，此后逐渐恢复正常，进入间情期。

2. 直肠检查法

该法是用手隔着母牛直肠壁触摸卵巢及卵泡发育状况，以判定母牛的发情阶段或确定其为真发情还是假发情。直肠检查法对于那些发情异常、发情表现不易观察、卵泡发育与排卵过快或过慢、奶牛产后第一次发情（多数发情表现不明显）以及受胎后发情的母牛有极其重要的意义。

用湿润或涂有肥皂水的手臂伸进直肠内后，手指并拢，手心向下，轻轻下压并左右抚摸，在子宫角弯曲处即可摸到卵巢。此时可用手指肚细致、轻稳地触摸卵巢卵泡发育情况。

第一期：卵泡出现期。有卵泡开始发育，一侧卵巢稍有增大，卵泡直径为0.5~0.75厘米，波动不明显，指压之似觉有一软化点。

第二期：卵泡发育期。卵泡发育到1.0~1.5厘米，呈小球状，突出于卵巢表面，卵泡壁较厚，有波动感。

第三期：卵泡成熟期。卵泡发育不再增大，卵泡壁变薄，有一触即破之感，波动明显。

第四期：排卵期。卵泡破裂排卵，由于卵泡液流失，卵泡壁变松软成凹形。排卵后6~8小时在卵泡破裂的小凹陷处黄体开始发育长大，凹陷的卵泡开始被填平，可摸到质地柔软的新黄体。

直肠检查时要注意卵泡与黄体的区别。

① 发情前期的卵泡有光滑、较硬的感觉。卵泡的形状像半个弹球扣在卵巢上一样，而没有退化的黄体一般呈扁圆形，稍突出于卵巢表面。

② 卵泡的生长过程是渐进性变化，由小到大，由硬到软，由无波动到有波动，由无弹性到有弹性。而黄体则是退行性变化，发育时较大而软，到退化时期愈来愈小、愈来愈硬。

③ 黄体与卵巢连接处有明显的界限且不平直，而正常的卵泡与卵巢连接处光滑，无界限。

值得注意的是，在肠内触摸时要用指肚进行，不能用手指乱抓，以免损伤直肠黏膜。在母牛努责或肠管收缩时不能将手臂硬向里推，可待它努责或收缩停止后再继续检查。

二、羊的发情鉴定

母羊的发情期短，外部表现不太明显，特别是绵羊，又无法进行直肠检查，因此母羊的发情鉴定以试情为主，结合外部观察。

1. 试情法

试情法多数是采用带试情布或结扎输精管的公羊进行群体试情，一般将试情公羊按一定比例（1：40），每日一次或早晚各一次定时放入母羊群中进行试情。母羊发情时，往往被试情公羊尾随追逐，有时也主动靠近公羊。只有接受爬跨且不动的母羊，才视为发情母羊，可将其隔离出来并打上标记，以备配种。一般选择2~4岁体质健壮、性欲旺盛、无恶癖的非种用公羊作为试情公羊，并且采用试情布法、切除输精管法、睾酮处理法等进行处理。

2. 阴道检查法

发情母羊的行为表现不明显，也可采取阴道检查法。阴道检查法是将开膣器或扩张筒插入母羊阴道，观察其阴道黏膜的色泽和充血程度，子宫颈的弛缓状态，子宫颈外口开张的程度，黏液的颜色、分泌量及黏稠程度等，以判断母羊的发情程度。检查时，器械要经过灭菌消毒，插入时要小心谨慎，以免损伤阴道壁。但是阴道检查法不能准确地判断母羊的排卵时间，只能在必要时作为辅助性的检查手段。

第三节　发情控制技术

为了最大限度地挖掘雌性动物的繁殖潜力，对处于乏情（包括生理和病理的）状态的牛和羊，利用激素或其他措施控制其发情进程或排卵数量与时间的技术，称为发情控制技术。早在 20 世纪 40 年代，人们便开始探讨控制母畜发情的方法。几十年来，在发情控制技术方面已取得重大进展，并进入实用化阶段。广义的发情控制技术包括：诱导发情、同期发情、产后发情等技术。

要有效实施发情控制技术，必须具备以下三个基本条件：第一，必须深入了解和掌握各种动物的发情生理和特定规律，尤其是内分泌调节机理；第二，必须掌握各种外源性生殖激素在不同生理时期的作用特点（包括作用原理、剂量范围、激素效价、半衰期以及可能产生的副作用）；第三，接受处理的动物，必须处于良好的饲养管理条件下，只有辅以良好的饲养管理条件，才可能达到预期效果。

一、诱导发情

对处于生理或病理状态下乏情的母畜，施以激素或其他措施，使之出现正常的发情、排卵的技术，称为诱导发情技术。诱导发情处理对象为个体。针对个体发情的确切原因，采用针对性技术措施达到诱使其发情的目的。

诱导发情在生产中有很重要的价值。通过诱导发情，可缩短母畜发情周期，增加胎次，提高繁殖效率；对因病理原因不发情的动物，可恢复其繁殖机能，继续繁殖后代；对季节性乏情的动物，也可通过诱导发情改变其繁殖季节，提高生产效益。

1. 诱导发情的机理

诱导发情是采用外源性激素或某些生理活性物质或通过改变环境条件以及异性刺激等方法，促使卵巢从相对静止状态转为活跃状态，促进卵泡的生长发育、成熟和排卵，继而表现发情并予配种。

用于诱导家畜发情的激素，根据药物性质可分为以下几类。

（1）抑制卵泡发育和发情（孕酮）　如孕酮、甲孕酮、氟孕酮、氯地孕酮等。

（2）促进卵泡生长发育及成熟排卵　如 PMSG、FSH、HCG、LH。

（3）溶解黄体　$PGF_{2\alpha}$及其类似物氯前列烯醇（ICI）。

（4）促进发情征状的表现（雌激素）　如雌二醇、己烯雌酚。

（5）性外激素　公羊头颈部皮脂腺发达，发出一种膻味，这是一种性引诱剂。

（6）其他　如初乳、催产素、抑制素、褪黑素等。

2. 常见家畜的诱导发情

（1）牛

① 孕激素处理法。

· 阴道栓塞法。目前一种方法是多选用法国产阴道置留器，简称 PRID。PRID 装置为管状，每个外套橡胶中含孕酮

2.25 克，内部胶囊中含雌二醇 10 毫克。另一方法是海绵栓法，用色拉油溶解 18-甲基炔诺酮 50~100 毫克，浸泡于海绵中。插入阴道置留 12 天，除去 24 小时前肌注前列腺素、PMSG 或氯前列烯醇。

· 孕激素埋植法。用 18-甲基炔诺酮 15~25 毫克/头，进行耳背部皮下埋植 1~2 周取出，同时注射 800~1 000国际单位的 PMSG 便可诱导发情。

· 肌内注射油质孕酮。油质孕酮肌内注射，隔天 1 次，每次 100 毫克，共 3 次，接着注射 PMSG，可使产后奶牛繁殖机能恢复正常，发情率为 70%~80%。

② “三合激素” 法。对不发情奶牛用 “三合激素” （每毫升含丙酸睾丸素 25 毫克、黄体酮 12.5 毫克、苯甲酸雌二醇 1.25 毫克）。用量一般为每头 2~3 支，用药后 3~4 天约有 70%的牛发情。

③ 前列腺素诱导法。由于 $PGF_{2\alpha}$有溶解黄体的作用，故可用于治疗家畜持久黄体引起的乏情和暗发情。常用剂量是 $PGF_{2\alpha}$ 25~30 毫克或氯前列烯醇 0.5 毫克肌内注射，或 $PGF_{2\alpha}$ 5.0 毫克子宫内注入。母牛一般在注射后 3~5 天内发情，在注射后 80 小时人工授精或分别在注射后 72 小时和 96 小时两次人工授精，妊娠率达 60%。

④ 雌激素诱导法。肌内注射 20~30 毫克己烯雌酚或 5~10 毫克雌二醇对于暗发情母牛（在接近排卵时注射）是有效的。多数情况是，虽然可能诱导出发情征状，但不一定能引起排卵。

⑤ GnRH 及其类似物的发情诱导。GnRH 及其类似物能够促进垂体释放促性腺激素，从而诱导卵泡发育和排卵。奶牛用 LRH-A_2 或 LRH-A_3 200~400 微克进行肌内注射，每日 1 次，连续 1~3 次，可引起发情排卵。

⑥ 促性腺激素处理法。对卵巢处于静止状态的乏情母牛，采用促性腺激素 FSH+LH 可诱使卵巢机能恢复而发情。生产中多用 PMSG，可促进卵泡发育和发情。10 天内仍未发情的，可用此法再次处理。

（2）羊

① 孕激素处理。常用的投药方式为皮下埋植法和阴道栓塞法。采用不同的方法，所要求的孕激素的剂型不同，一般是 MGA（60 毫克）海绵栓、FGA（30 毫克）海绵栓、孕酮海绵栓及阴道置留器（PRID）（内含 400 毫克孕酮）。处理时间以 6～15 天为宜。用孕激素刺激过后，再用 PMSG 较为理想。

② 促性腺激素。用于诱导乏情母羊发情的激素主要有孕马血清促性腺激素、促卵泡素、人绒毛膜促性腺激素、促黄体素等。PMSG 半衰期长，一次注射即可，操作方便。一般皮下注射：PMSG 500 国际单位，HCG 200 国际单位，隔 16～17 天再重复 1 次，可取得发情排卵的良好效果。

③ 雌激素。主要用雌二醇和己烯雌酚。通过试验证实了雌激素对非繁殖季节的诱导发情是有效的。

二、同期发情

同期发情就是利用某些激素制剂人为地控制并调整一群母畜发情周期的进程，使之在预定时间内集中发情。

1. 同期发情的意义

（1）充分发挥冷冻精液人工授精技术优势，扩大配种面积 采用同期发情技术可以充分利用冷冻精液人工授精技术，扩大冷冻精液的使用范围。特别是广大的农村，能够减少液氮的消耗及液氮设备的使用，可以使人工授精工作做到成批、集中、定时，甚至可以不需要做发情鉴定。

（2）便于组织规模化生产和科学管理　同期发情可以使畜群妊娠和分娩时间相应地比较集中，产下的后代年龄也较整齐，仔畜培育、断奶等阶段也相继可以做到同期化。因而可以节省人力、时间，降低管理费用。乳牛、肉牛、猪可以根据生产计划来分批进行同期发情处理，这对配种工作十分方便。

（3）提高畜群的发情率和繁殖率　对繁殖率较低的畜群，如南方的水牛和管理较粗放的黄牛，因随母哺乳或营养水平偏低等原因，分娩后较长时间不能恢复正常的发情周期，可对这些畜群做同期发情处理达到提早发情受胎的目的，从而提高发情、配种和繁殖率。

（4）同期发情技术是其他繁殖技术和科学研究的辅助手段　使用胚胎移植技术进行鲜胚移植必须与同期发情技术结合，才能达到预期效果。即供给胚胎的母畜和接受胚胎的母畜发情的同期化，供、受体母畜的生殖器官才能处于相同的生理状态，移植的胚胎才能正常发育。

2. 同期发情的机理

雌性动物发情周期中，根据卵巢活动规律可将发情周期划分为卵泡期和黄体期两个阶段。黄体期占整个周期的70%左右。如牛的发情周期为21天，黄体期为15天。黄体期，黄体分泌的孕酮对卵泡发育有极强的抑制作用。只有黄体消退、血浆中孕酮水平下降以后，新的卵泡才能发育成熟和排卵，母畜才能表现出正常的发情。因此控制卵巢上黄体的消长是控制母畜发情的关键。

同期发情技术是借助外源激素刺激卵巢，使被处理母畜的卵巢生理机能都处于相同阶段而达到同期发情。其实质是通过外源性激素使黄体期延长或缩短、控制卵泡的发生或黄体的形成来调节发情周期，使被处理动物的发情、排卵同期化。

同期发情通常采用两种途径：一种是延长黄体期，给一群母畜用孕激素药物，抑制卵巢中卵泡的生长发育和发情表现，经过一定时期后同时停药，由于卵巢同时失去外源性激素的控制，卵巢上的周期性黄体已退化，于是同时出现卵泡发育，引起母畜发情。另一种途径是缩短黄体期，应用 $PGF_{2\alpha}$ 加速黄体消退，使卵巢提前摆脱体内孕激素的控制，于是卵泡得以同时开始发育，从而达到母畜同期发情。

3. 常见牛羊的同期发情

（1）牛　用于母牛同期发情处理的药物种类很多，方法也有多种，但较实用的是孕激素埋植法和阴道栓塞法以及前列腺素法。

① 孕激素埋植法。将一定量的孕激素制剂装入管壁有小孔的塑料细管中，利用套管针或者专门埋植器将药管埋入耳背皮下，经一定天数，在埋植处做切口将药管同时挤出，同时，注射孕马血清促性腺激素 500~800 国际单位。

② 孕激素阴道栓塞法。栓塞物可用泡沫塑料块或硅橡胶环，它们包含一定量的孕激素制剂。将栓塞物放在子宫颈外口处，其中激素即渗出。处理结束时，将其取出即可，或同时注射孕马血清促性腺激素。孕激素的处理有短期（9~12 天）和长期（16~18 天）两种。长期处理后，发情同期率较高，但受胎率较低；短期处理后，发情同期率较低，但受胎率接近或相当于正常水平。

③ 前列腺素法。前列腺素的投药方法有子宫注入（用输精管）和肌内注射两种，前者用药量少，效果明显，但注入时较为困难；后者虽操作容易，但用药量需适当增加。

（2）羊　上述处理牛的方法也可以用于诱导羊同期发情，只是药物用量较少、海绵栓直径较小、孕激素处理时间较短而已。通常，羊用海绵栓直径和厚度以 2~3 厘米为宜，孕激素用量为：甲孕酮40~60毫克，甲地孕酮40~50毫克，18-甲基炔诺酮30~40毫克，氟孕酮30~60毫克，孕酮150~300毫克。前列腺素的用量一般为牛的1/4~1/3。

三、排卵控制

排卵控制是在母畜发情周期的适当时期，应用外源性促性腺激素处理以控制其排卵时间和排卵数量的方法。控制排卵时间的方法称为诱发排卵；用超常规剂量的促性腺激素促使排卵数多于正常排卵数称为超数排卵（简称“超排”）；在同期发情处理基础上，使用一定剂量促性腺激素，促使排卵时间更加一致，称为同期排卵。

1. 超数排卵的原理和方法

超数排卵使用的药物及其剂量如下。

（1）孕马血清促性腺激素　使用PMSG做超排，在使用剂量恰当的条件下，发育的卵泡数不会过多，排卵时间较集中，一侧卵巢可排出卵子5~8枚。缺点是排卵效果不够稳定，也容易造成卵巢囊肿。PMSG一般情况下母牛的使用剂量为2 000~3 000国际单位，做1次肌内注射。将FSH和LH按5∶1的比例混合使用也可以取得良好的超排效果。

（2）前列腺素　前列腺素（$PGF_{2\alpha}$）在超排中常作为配合药物使用，不仅能使黄体提早消退，而且能提高超排效果。一般在母牛发情周期第16天注射PMSG 2 000国际单位，48小时后配合PG，每头供体牛平均排卵数可由单一注射PMSG的8个卵子提高到13个。

（3）孕激素　对施行超数排卵的母畜，如果用孕激素进行预处理，可以提高母畜对促性腺激素的敏感性，增强超排效果。

2. 超数排卵的处理时期

超数排卵处理的时期应选择在发情周期的后期即黄体消退

时期，此时卵巢正处于由黄体期向卵泡开始发育过渡的时期。为获得良好的超排效果，必须在注射促性腺激素的同时，使卵巢上的黄体在一定时间内退化。如果在发情周期的中期进行超排处理，需要在施用促性腺激素后48~72小时配合注射$PGF_{2\alpha}$，以促使黄体消退。近年来在发情周期的中期配合应用$PGF_{2\alpha}$进行超数排卵的方法已被广泛地采用。

3. 超数排卵处理效果

（1）受精率　受精率一般要低于自然发情排出的卵子。

（2）排卵数　单胎动物供体母畜一次超排两侧卵巢排卵数为10~15枚较为适宜。如果超排卵子数过多，会有相当多的未成熟的卵子排出，使受精力下降。

（3）发情率　超排处理后大部分母牛有发情表现，少数不发情但能排卵。

（4）胚胎回收率　做超排处理注射$PGF_{2\alpha}$后48小时内发情的供体母牛胚胎回收率最高，72小时以后发情的胚胎回收率则大幅度下降，而且多为未受精卵。

（5）发情周期　超排后的母畜体内血液中含有高浓度的孕激素，因此发情周期将会延长。

第五章 牛羊的配种技术

第一节 自然交配

自然交配又称家畜本交，指公畜直接交配。又可根据人为干预的程度分为如下 4 种方式。

一、自由交配

见于群牧畜群。公母畜常年混牧饲养，一旦母畜发情，公畜即与其随意交配，是一种不受人工控制的最原始的交配方式。

二、分群交配

在配种季节内，将母畜分成若干小群，每群放入一头或几头经过选择的种公畜，任其自然交配。这样，公畜的配种次数得到适当控制，并实现了一定程度的群体选种选配。但是仍然无法防止生殖器官疾病的传播，公畜的配种利用率仍然有限，母畜的预产期也难于推测。

三、圈栏交配

公母畜平时隔离饲养，当母畜发情时，在圈栏内放入母畜与特定的公畜交配。这种方式在一定程度上克服了自由交配的缺点，公畜的配种利用率比分群交配有所提高，选种选配也比较严格。

四、人工辅助交配

公母畜平时严格分开饲养，只有在母畜发情配种时，才按原定的选种选配计划，令其与特定的公畜交配，并对母畜做好必要的保定、消毒处理等准备工作，及采取其他一些必要措施，以辅助公畜顺利完成交配。与上述三种自然交配方式相比，增加了种公畜的交配母畜头数，延长了种公畜的利用年限；能够调控产仔时间，有利于生产的计划管理；可以实行严格的个体选种选配，建立系谱，有利于品种改良；根据配种记录，可以估测母畜预产期；并在一定程度上防止疫病传播。这是比较科学的人工控制的自然交配方式。

第二节　人工授精

人工授精技术的基本技术程序包括精液的采集、精液品质的检查、精液的稀释、分装、保存、运输、冻精的解冻与检查、输精等环节。

一、采精

采精是人工授精的首要技术环节。认真做好采精前的各项准备工作，正确掌握采精技术，合理安排采精频率，是保证采得量多质优精液的重要条件。

1. 采精前的准备

(1) *采精场地要求*　采精应在良好和固定的环境中进行，以便公畜建立起巩固的条件反射，同时也是防止精液污染的基本条件。采精场应宽敞、平坦、安静、清洁，场内设有采精架以保定台畜，供公畜爬跨进行采精。

理想的采精场所应同时设有室外和室内采精场地，并与精液处理操作室和公畜舍相连。室内采精场的面积一般为 10 米×10 米，并附有喷洒消毒和紫外线照射杀菌设备。

（2）台畜的准备与种公畜的调教　台畜，是供公畜爬跨射精时进行精液采集用的采精台架，可分为活台畜和假台畜两类。采精时，选择健康、体壮、大小适中、性情温顺的发情母畜，或经过训练的公、母畜作台畜，有利于刺激种公畜的性反射，效果较好。假台畜是指用钢筋、木料等材料模仿家畜的外形制成的固定支架，其大小与真畜相似。各种动物采精用的假台畜可参见图 5–1。

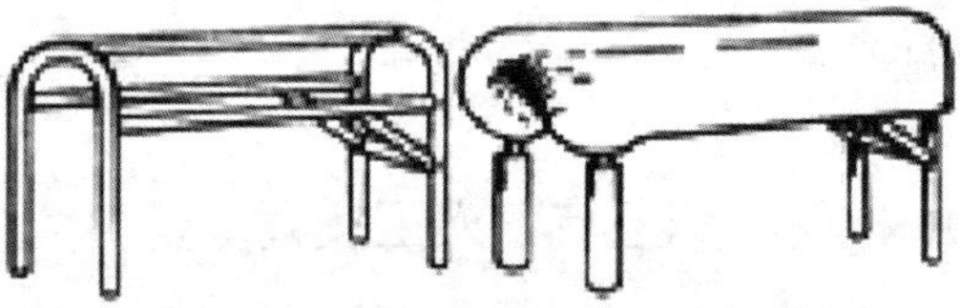

（a）牛用

（b）羊用

图 5–1　采精用的假台畜

对于初次使用假台畜进行采精的种公畜必须进行调教：涂抹发情母畜阴道分泌物，让公畜爬跨发情母畜，不让其交配而将其拉下，然后诱其爬跨假台畜采精，让待调教的公畜目睹公畜利用假台畜采精的过程。在调教过程中，要反复进行训练，耐心诱导，切勿强迫、抽打、恐吓或其他不良刺激，以防止性抑制而给调教造成困难。

(3) 采精器械与人员的准备

① 器械的清洗与消毒。采精用的所有人工授精器械，均要求进行严格的消毒，以保证所用器械清洁无菌。这对于减少采精引起的公畜生殖道疾病至关重要。传统的洗涤剂是2%~3%的碳酸氢钠或1%~1.5%的碳酸钠溶液。各类器械用洗涤剂洗刷后，务必立即用清水洗净，然后经严格的消毒后才能使用。采精时所用的一些溶液如润滑剂和生理盐水等，药棉、纱布、毛巾等常用物品的消毒均可采用隔水煮沸消毒20~30分钟，或用高压蒸汽消毒。在进行溶液的消毒时应避免玻璃瓶爆裂。

② 采精人员的准备。采精人员应具有熟练的采精技术，并熟知每一头公畜的采精条件和特点，采精时动作敏捷，操作时要注意人畜安全。采精之前，采精人员应身着紧身利落的工作服，避免与公畜及周围物体钩挂，影响操作。同时还应将指甲剪短磨光，手臂要清洗消毒。

2. 采精方法

公畜的采精方法有多种，曾经使用过的有：假阴道法、按摩法、阴道收集法、海绵法、集精袋法、外科瘘管法、电刺激法、手握法、筒握法等。经实践证明，假阴道法是较理想的采精方法，适用于各种家畜。按摩法主要用于禽类的采精，也适用于牛。其他的一些采精方法因其存在一定的缺点而在生产上已不采用。

(1) 假阴道采精法　假阴道采精法是用相当于母畜阴道环境条件的人工阴道，诱导公畜在其中射精而取得精液的方法。

① 假阴道的结构和采精前的准备。假阴道是一筒状结构，主要由外壳、内胎、集精杯及附件组成。外壳为一圆筒，由硬橡

胶、金属或塑料制成；内胎为弹性强、薄而柔软无毒的橡胶筒，装在外壳内，构成假阴道内壁；集精杯由暗色玻璃或塑胶制成，装在假阴道的一端。此外，还有固定内胎的橡胶圈，保定集精杯（牛）用的三角保定带，冲气用的活塞和双连球，连接集精管（牛）的橡胶漏斗，以及为防止精液污染而敷设在假阴道入口处的泡沫塑料垫等。各种假阴道的形状略异，大小不一，但结构基本相同，见图 5-2。

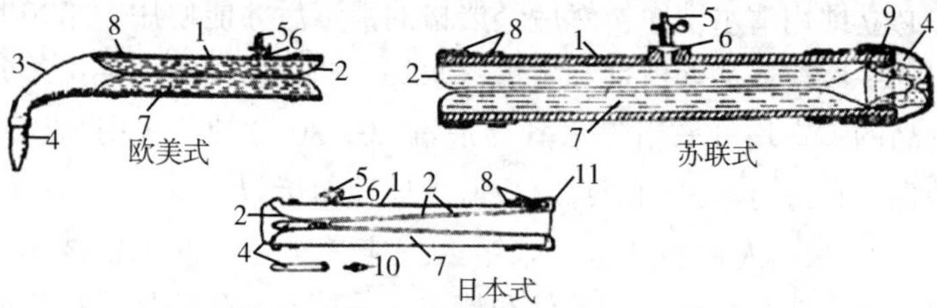

（a）牛的假阴道

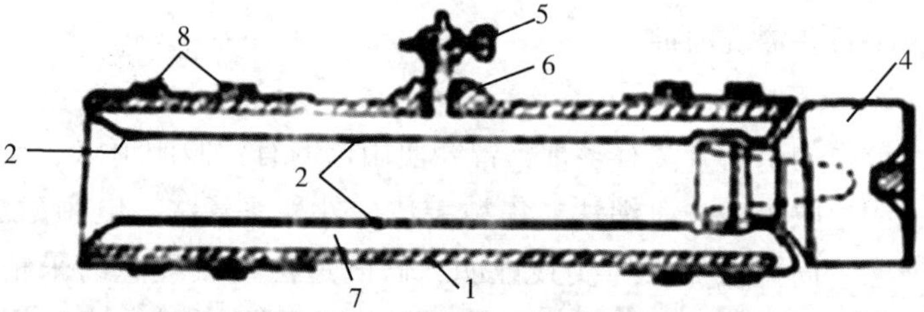

（b）羊的假阴道

1-外壳；2-内胎；3-橡胶漏斗；4-集精杯；5-气嘴；6-水孔；7-温水；8-固定胶圈；9-集精杯固定套；10-瓶口小管；11-假阴道入口泡沫垫。

图 5-2　牛羊的假阴道

假阴道在使用前要进行洗涤、安装内胎、消毒、冲洗、注水、涂润滑剂、调节温度和压力等步骤，使假阴道具有引起射精反射的适当温度（38～40 ℃）、适当压力和一定的润滑度。

② 采精操作。采精时，采精员通常站在台畜的右后方。当公畜爬跨台畜的瞬间，迅速将假阴道靠在台畜尻部，使假阴道的长轴与阴茎伸入方向一致，用左手托起阴茎中后部（牛只能握住包皮部，切忌触及阴茎），使其自然进入假阴道。操作时要注意动作的协调性，当公畜射精完毕从台畜上跳下时，持假阴道跟进，收集完所有的精液。当公畜阴茎自然脱离假阴道后，取下集精杯（管），将精液送到处理室备检。

使用假阴道采精时，公牛和公羊对假阴道的温度比压力更为敏感，因此温度要更准确。

（2）*按摩采精法*　此法适用于牛。牛的按摩采精操作，应先将直肠内的宿粪排净，再将手伸入直肠，于膀胱侧稍后，轻柔按摩精囊腺，刺激精囊腺分泌部分精清自包皮排出。然后将食指放在输精管两膨大部中间，中指和无名指放在膨大部外侧，同时由前向后轻轻伴以压力，反复进行滑动按摩，即可引起精液流出，由助手接入集精杯（管）内。为了使阴茎伸出，也可按摩"S"状弯曲，以便助手收集精液，尽量减少细菌污染程度。按摩法比用假阴道法所采得的精液其精子密度较低，且细菌污染程度较高。

二、精液品质检查

精液品质检查的目的是鉴定精液品质的优劣，以便决定配种负担能力，同时也反映出公畜饲养管理水平和生殖机能状态、技术操作水平，并依此作为检验精液稀释、保存和运输效果的依据。现行评定精液品质的方法有外观检查法、显微镜检查法、微生物检测和代谢能力测定 4 种。无论哪一种检查方法，都必须以受精力的高低为依据。精液品质评定的原则是检查评定结果必须真实反映精液本来的品质。

1. 外观检查法

（1）精液量　所有公畜采精后应立即直接观察射精量的多少。评定公畜正常的射精量，不能仅凭一次的采精记录，应以一定时间内多次射精总量的平均数为依据。此外，精液当中不应该有毛发、尘土和其他污染物。

（2）色泽　精液一般为乳白色或灰白色，精子密度越大，精液的颜色越浓。精液颜色出现异常为不正常现象。若精液呈红色可能混有血液，精液呈褐色可能混有陈血，精液呈淡黄色可能混有脓汁或尿液。

（3）气味　正常的精液略带有腥味，牛、羊精液除具有腥味外，另有微汗脂味。

（4）云雾状　牛、羊的精液因精子密度大而混浊不透明，因此用肉眼观察刚采得的新鲜精液时，可看到精子因运动翻腾而如云雾状。精液混浊度越大，云雾状越显著，越呈乳白色，表明精子密度和活率也越高。

（5）pH 值　牛、羊精液 pH 值在 6.5~6.9。

（6）杂质　一般指在精液内混入的异物，如家畜的被毛、脱落上皮、生殖道的炎性分泌物及灰尘、纤丝、粪渣等。

2. 显微镜检查法

（1）精子活力评定　精子活力是指精液中呈直线前进运动精子所占的百分率。精子活力可以直接反映精子自身的代谢机能，与精子受精力密切相关，是评价精液质量的一个重要指标。精子活力的评定，一般在采精后、精液处理前后和输精前均应进行检测。

检查精子活力需借助显微镜，放大 200~400 倍，放在 37~

38 ℃显微镜恒温载物台上或保温箱内进行观察。评定精子活力多采用“十级评分制”，即按精子直线运动占视野中精子的估计百分比评为 10 个等级。100%前进者为 1.0 分，90%前进者为 0.9，以此类推。

作为家畜的新鲜精液，活力一般在 0.7~0.8。为保证获得较高的受精率，用以授精的精子活力，液态保存精液一般在 0.6 以上，冷冻保存精液在 0.3 以上。

(2) 精子密度评定　精子密度是指单位体积（毫升）精液内所含有精子的数目。目前测定精子密度的方法主要有估测法、血细胞计数法和光电比色法。

① 估测法。根据显微镜下精子的密集程度，把精子的密度大致分为稠密、中等、稀薄三个等级。这种方法可大致估计精子的密度，主观性强，误差较大。

② 血细胞计数法。一般采用血细胞计数板进行。可以准确地测定每单位容积精液中的精子数，是公畜定期检查的一个方法。

③ 光电比色法。是目前国际上普遍采用的测定牛、羊精子密度的方法，利用精液的透光性，精子密度越大，透光性就越差。

(3) 精子的形态学检查

① 精子畸形率。精子畸形率是精液中畸形精子数占精子总数的百分率。在正常精液中不超过 20%，对受精力影响不大。羊不超过 14%，马不超过 12%。如果畸形精子率超过 20%，则表明精液品质下降，受精力受到影响，不能用作输精。精子畸形一般可分为头部畸形、颈部畸形、中段畸形和主段畸形。

② 精子顶体异常率。精子顶体发生异常，一般有膨胀、缺

损、部分脱落、全部脱落等情况。正常精液精子的顶体异常率不高，牛平均为 5.9%、羊为 2.3%。如果精子顶体异常率超过 14%，受精能力就会明显下降。

（4）存活时间及存活指数检查　精子存活时间是指精子在体外的总生存时间，而存活指数是指平均存活时间，表示精子的活率下降速度。精子存活时间越长，生存指数越大，说明精子生活力越强，品质越好。

3. 微生物检测

精液中如果有大量微生物存在，不仅会影响精子的寿命和降低受精力，而且还会导致有关疾病的传播。精液中微生物的来源与公畜生殖器官疾病和人工授精操作卫生条件密切相关，因此有必要对精液进行细菌微生物学检查。我国评定牛精液中细菌数通常采用平板培养法进行，求出每毫升原精液内的细菌数。我国《牛冷冻精液》国家标准规定，解冻后的精液应无病原微生物，每毫升中细菌菌落数不超过1 000个。

4. 代谢能力测定

（1）精液果糖分解测定　测定果糖的利用率，可以反映精子的密度和代谢情况。果糖分解测定通常用 1 亿精子在 37 ℃厌氧条件下每小时消耗果糖的毫克数表示。其方法是在厌氧情况下把一定量的精液（如 0.5 毫升）在 37 ℃的恒温箱中停放 3 小时，每隔 1 小时取出 0.1 毫升进行果糖量测定，将结果与放入恒温箱前比较，最后计算出果糖酵解指数。一般牛、羊精液的果糖利用率为 1.4~2 毫克。由于精子还可以利用果糖以外的其他简单糖类，因此用含葡萄糖等稀释液稀释过的精液不能进行测定。

（2）美蓝褪色试验　美蓝是一种氧化还原剂，氧化时呈蓝色，还原时无色。精子在美蓝溶液中呼吸时氧化脱氢，美蓝被还原而褪色。因此，根据美蓝褪色时间的快慢即可估测出精子的密度和活力。

(3) 精子耗氧量测定　精子呼吸时消耗氧气多少与精子活力和密度有关。精子耗氧量的测定即耗氧率的测定，通常以1亿个精子在37 ℃条件下每小时内所消耗氧气的微升数表示。一般牛、羊精液的耗氧量为5~22微升。

三、精液的稀释

精液的稀释是指在精液中加入适宜于精子存活并能保持其受精能力的稀释液。精液稀释的目的是为了扩大精液的容量，提高一次射精量的可配母畜头数；并通过降低精液的能量消耗，补充适量营养和保护物质，抑制精液中有害微生物的活动以延长精子寿命；同时便于精液的保存和运输。因此，精液的稀释处理是充分体现和发挥人工授精优越性的重要技术环节。

1. 精液稀释液的主要成分及其作用

理想的稀释液，是根据精子的生理特点提出来，并不断改进完善的。现行的稀释液一般含有多种成分，各成分又常常具有多重效能。

(1) 稀释剂　主要用于扩大精液容量。必须保证有相似的渗透压。一般有氯化钠、葡萄糖、蔗糖等。

(2) 营养剂　主要为精子体外代谢提供营养，补充精子消耗的能量。一般多采用单糖、奶类或卵黄等。

(3) 保护剂

① 缓冲物质。维持精液相对恒定的酸碱度。常用的有柠檬酸钠、磷酸二氢钾、Tris等。

② 非电解质。向稀释液中加入适量的非电解质或弱电解质，

以降低精清中的电解浓度。一般常用的非电解质或弱电解质有各种糖类、氨基乙酸等。

③ 防冷刺激物质。具有防止精子冷休克的作用。在低温保存稀释液中以卵磷脂的效果最好。此外，脂蛋白以及含磷脂的脂蛋白复合物，亦有类似卵磷脂防止冷休克的作用。以上这些物质均存在于奶类和卵黄中，是常用的精子防冷刺激物质。

④ 抗冻物质。具有抗冷冻危害的作用。一般常用甘油和二甲基亚砜（DMSO）作为抗冻剂。

⑤ 抗菌物质。常用的有青霉素、链霉素和氨苯磺胺、卡那霉素、林肯霉素、多黏菌素、氯霉素等，应用于精液的稀释保存，取得了较好的效果。

（4）其他添加剂　主要有酶类、激素类、维生素类等。

2. 稀释液的种类

根据稀释液的性质和用途不同，可以分为以下 4 类。

（1）现配现用稀释液　适宜于采精后立即稀释输精，以单纯扩大精液容量，增加输精母畜头数为目的。此类稀释液配方简单，通常以糖类或奶类为主体，不宜进行保存。

（2）常温保存稀释液　适用于精液在常温下短期保存，以糖类和弱酸盐为主体，pH 值偏低（弱酸性）。

（3）低温保存稀释液　适用于精液低温保存，以含奶类或卵黄为主体，具有抗冷休克的特点。

（4）冷冻保存稀释液　适用于精液冷冻保存，以卵黄、甘油为主体，具有抗冻的特点，同时还有配套的解冻液。

3. 稀释液的配制原则及注意事项

配制时应注意以下原则。

① 配制稀释液所使用的一切用具，必须严格洗净消毒，用稀释液冲洗后才能使用。

② 稀释液应现用现配，保持新鲜。如条件许可，经过消毒、密封后，可在冰箱中存放一周，但卵黄、抗生素、酶类、激素类等成分，须在用时添加。

③ 配制稀释液所用的蒸馏水或离子水要求新鲜，pH 值呈中性，最好现用现配。

④ 配制稀释液所用的药品，成分要纯净，称量要准确，充分溶解、过滤、密封消毒后方能使用。

⑤ 卵黄应取自新鲜鸡蛋，外壳洗净消毒后破壳抽取，尽量避免混入蛋清，待稀释液消毒冷却后加入，充分混匀后使用。

⑥ 使用奶类要求新鲜（奶粉以脱脂奶粉为宜），尤其鲜奶须经过滤，然后在水浴中灭菌 10 分钟，抑制对精子有杀害作用的乳烃素，并除去奶皮后方可使用。

⑦ 抗生素、酶类、激素类、维生素等添加剂，须在稀释液冷却至室温时按剂量准确加入。

4. 精液的稀释方法与稀释倍数的确定

（1）精液的稀释方法　精液稀释应在采精后尽快进行（30 分钟内），并尽量减少与空气和其他器皿的接触。新采集的精液应迅速放入 30 ℃保温瓶中，然后在 30 ℃的水浴锅内将精液和稀释液调至同温，在同温条件下进行稀释。

稀释时，将稀释液沿杯（瓶）壁缓缓加入精液中，切忌将精液迅速倒入稀释液内；然后轻轻摇动或用灭菌玻棒搅拌使之混合均匀，切忌剧烈震荡。如做高倍稀释，应分次进行，先做 3～5 倍稀释，然后再做高倍，防止精子所处的环境突然改变，造成稀释打击。精液稀释后，应立即进行镜检，如果活率下降，说明稀释或操作不当。

（2）精液的稀释倍数　精液进行适当稀释可以提高精子的存活力，但是稀释超过一定的限度，精子的存活力则会随着稀释倍数的提高而逐渐下降，以致影响受精效果。实践证明，公牛精液保证每毫升稀释精液中含有500万有效精子数时对受胎率无大的影响；一般多习惯稀释10~40倍。

四、精液的保存

精液保存的目的是延长精子的存活时间并维持其受精能力，便于长途运输，扩大利用范围，增加受配母畜头数，提高优良种公畜的配种效能。

现行的精液保存方法可分为常温（15~25 ℃）保存、低温（0~5 ℃）保存和冷冻（-196~-79 ℃）保存3种。前两者的保存温度都在0 ℃以上，以液态形式做短期保存，故又称为液态保存；后者保存温度在0 ℃以下，以冻结形式做长期保存，故也称为固态保存。无论哪种保存形式，都是以抑制精子代谢活动、降低能量消耗、延长精子存活时间而不丧失受精能力为目的。

1. 常温保存

常温保存（15~25 ℃）是将精液保存在一定变动幅度的室温下，所以亦称变温保存或室温保存。常温保存所需的设备简单，便于普及推广。

（1）*原理*　常温保存主要是利用一定范围的酸性环境抑制精子的活动，或用冻胶环境来阻止精子运动，以减少其能量消耗，使精子保持在可逆性的静止状态而不丧失受精能力。常温有利于微生物生长，因此，还要用抗菌物质抑制微生物对精子的有害影响。此外，加入必要的营养和保护物质，隔绝空气，也会有良好作用。

（2）*常温保存稀释液*　牛羊精液常温保存稀释液配方见表5-1。

表 5-1　牛羊精液常温保存稀释液配方

成分	牛用		绵羊用		山羊用	
	伊利诺变温液（IVT）*	康奈尔大学液	葡萄糖、柠檬酸钠、卵黄液	RH 明胶液	明胶、羊奶液	羊奶液
基础液						
葡萄糖/克	0.30	0.30	3.0	—	—	—
碳酸氢钠/克	0.21	0.21		—	—	—
二水柠檬酸钠/克	2.00	1.45	1.4	—	—	—
氯化钾/克	0.04	0.04	—	—	—	—
氨基乙酸/克	—	0.937	—	—	—	—
氨苯磺胺/克	0.30	0.30	—	—	—	—
甘油/毫升	—	—	—	—	—	—
羊奶/毫升	—	—	—	—	—	—
磺胺甲基嘧啶钠/克	—	—	—	0.15	—	—
明胶/克	—	—	—	10.00	10.00	—
蒸馏水/毫升	100	100	100	100	—	—
稀释液						
基础液/（%，体积）	90	80	100	100	100	100
卵黄/（%，体积）	10	20	20	—	—	—
青霉素/（国际单位/毫升）	1 000	1 000	1 000	1 000	1 000	1 000
双氢链霉素/（微克/毫升）	1 000	1 000	1 000	1 000	1 000	1 000

注：* 充 CO_2 20 分钟，pH 值调至 6.35。

2. 低温保存

低温保存是将精液稀释后，置于0~5 ℃环境保存，一般保存效果比常温保存时间长。

(1) 原理　温度降至0~5 ℃时，精子的代谢较弱，几乎处于休眠状态。为防止冷休克现象在稀释中加入卵黄、奶类等抗低温物质外，要采取缓慢降温的方法，并维持低温保存期间内的温度恒定不变。

(2) 低温保存稀释液

① 牛精液低温保存稀释液。适宜于牛精液低温保存的稀释液很多，在0~5 ℃下有效保存期可达7天，可做高倍稀释，见表5-2。

表5-2　牛精液低温保存稀释液配方

成分	柠檬酸钠、卵黄液	葡萄糖、柠檬酸钠、卵黄液	葡萄糖、氨基乙酸、卵黄液	牛奶液	葡萄糖、柠檬酸钠、奶粉、卵黄液
基础液					
二水柠檬酸钠/克	2.9	1.4	—	—	1
碳酸氢钠/克	—	—	—	—	—
氯化钾/克	—	—	—	—	—
牛奶/毫克	—	—	—	100	—
奶粉/克	—	—	—	—	3
葡萄糖/克	—	3	5	—	2
氨基乙酸/克	—	—	4	—	—
柠檬酸/克	—	—	—	—	—
氯苯磺胺/克	—	—	—	0.3	—
蒸馏水/毫升	100	100	100	—	100

（续表）

成分	柠檬酸钠、卵黄液	葡萄糖、柠檬酸钠、卵黄液	葡萄糖、氨基乙酸、卵黄液	牛奶液	葡萄糖、柠檬酸钠、奶粉、卵黄液
稀释液					
基础液/（%，体积）	75	80	70	80	80
卵黄/（%，体积）	25	20	30	20	20
青霉素/（国际单位/毫升）	1 000	1 000	1 000	1 000	1 000
双氢链霉素/（微克/毫升）	1 000	1 000	1 000	1 000	1 000

② 绵羊精液低温保存稀释液。绵羊精液的低温保存，由于精液本身特性，以及季节配种的影响，精液保存效果比其他家畜差，故在生产中的应用并不普遍。绵羊精液保存时间不超过 1 天，见表 5-3。

表 5-3 绵羊精液低温保存稀释液配方

卵黄-Tris-果糖液	卵黄-葡萄糖-柠檬酸钠液	热处理奶
Tris3. 634 克/100 毫升	柠檬酸三钠 1. 40 克/100 毫升	全乳 100 毫升
果糖 0. 50 克/100 毫升	葡萄糖 3. 00 克/100 毫升	脱脂乳 100 毫升
一水柠檬酸 1. 99 克/100 毫升	卵黄 1 毫升	—
卵黄 14 毫升	蒸馏水 100 毫升	—
蒸馏水 100 毫升	—	—

注：每毫升稀释液加入 1 000 国际单位青霉素钠和 1 微克硫酸链霉素或 300 微克林肯霉素和 600 微克壮观霉素。

（3）低温保存方法　精液进行低温保存时，应采取逐步降温的方法，从 30 ℃降至 0~5 ℃时以每分钟降 0. 2 ℃，用 1~2 小时完成降温过程为好，以防冷休克的发生。低温保存所使用的冷源最理想的是冰箱，也可将冰块放入广口保温瓶内代替。低温保存的精液在输精前要进行升温处理。升温的速度对精子影响较小，一般将贮精瓶直接投入30 ℃温水中升温即可。

3. 冷冻保存

(1) 精液冷冻保存的意义　精液冷冻保存是利用液氮(-196 ℃)、干冰(-79 ℃)或其他制冷设备作为冷源，将精液经过特殊处理后，保存在超低温下，以达到长期保存的目的。

精液冷冻保存解决了精液的长期保存问题，使精液不受时间、地域和种畜生命的限制，加速了品种的育成和改良步伐。利用精液冷冻保存技术将濒危珍稀物种和优良家畜品种的精液进行保存，从而有利于生物品种和多样性的长期可持续利用。精液的冷冻保存还有力地推动了家畜繁殖新技术在生产上的应用。

(2) 精液冷冻保存的原理　精子在冰点下保存时，在降温过程中的一定条件下，水分子重新按几何图形排列形成冰晶。冰晶形成过程对精子造成的物理和化学伤害是造成精子死亡的主要原因。冰晶的物理结构呈针芒状，可使精子膜受到物理伤害；冰晶形成过程造成精子外的溶质浓度和渗透压增高，引起细胞内脱水、原生质变干、酸碱度失去平衡、细胞膜和顶体以及整个组织结构破坏，最后导致精子发生不可逆的变性而死亡。而玻璃化是水在超低温下，水分子仍然保持原来自然的无次序状态，呈现玻璃样的超微结晶均匀冻结。精子在玻璃化冻结状态下，不会发生细胞脱水，仍维持原来的正常结构，从而使得精子在解冻后能够复苏和保持受精能力。

冰晶化和玻璃化形成是有条件的，冰晶化必须在-60～0 ℃低温（冰晶化温度也称有害温度区）区域内，而且在缓慢降温的条件下才能形成，尤以-25～-15 ℃对精子危害最大，所以也称为显著有害温度区。玻璃化必须在-250~-60 ℃超低温（玻璃化温度）区域内，但玻璃化是可逆的且不稳定，当缓慢升温再经过冰晶化温度区域时，玻璃化又先变为冰晶化再变为液化，所以精液解冻时也要快速升温。

（3）冷冻精液的剂型　冷冻精液的剂型亦称包装方法、分装方法。目前广泛应用的剂型有安瓿型、细管型和颗粒型3种，它们各有利弊。

① 安瓿型。最早采用，是采用硅酸盐硬质玻璃制成的安瓿盛装精液，剂量多为0.5~1.0毫升。

② 细管型。一般有0.25毫升、0.5毫升、1.0毫升3种容量，是目前国外比较流行的包装方法。其优点为：适于快速冷冻，精液受温均匀，冷冻效果好；剂量标准化卫生条件好，不易受污染，标记鲜明，精液不易混淆；体积小，便于大量保存，精子损耗率低，精子复苏率和受胎率高；适于机械化生产，工效很高。

③ 颗粒型。将精液直接滴冻在经液氮冷却的塑料板或金属板上。优点为：方法简便，易于制作，成本低，体积小，便于大量贮存。

（4）冷冻保存稀释液　冷冻精液稀释液应具有保护精子免受或减少冻害的作用，其成分也依不同家畜种类而异。冷冻精液稀释液的主要成分与一般低温保存稀释液的成分基本一致，只是又加入了一定量的抗冻物质而已。常用的冷冻保存稀释液见表5-4、表5-5。

表5-4　牛精液常用冷冻稀释液

成分	乳糖-卵黄-甘油液	蔗糖-卵黄-甘油液	葡萄糖-卵黄-甘油液	葡萄糖-柠檬酸钠-卵黄-甘油液		解冻液
				1液	2液	
基础液						
蔗糖/克	—	12	—	—	—	—

（续表）

成分	乳糖-卵黄-甘油液	蔗糖-卵黄-甘油液	葡萄糖-卵黄-甘油液	葡萄糖-柠檬酸钠-卵黄-甘油液		解冻液
				1液	2液	
乳糖/克	11	—	—	—	—	—
葡萄糖/克	—	—	7.5	3.0	—	—
二水柠檬酸钠/克	—	—	—	1.4	—	2.9
蒸馏水/毫升	100	100	100	100	—	100
稀释液						
基础液/（%，体积）	75	75	75	80	86*	—
卵黄/（%，体积）	20	20	20	20	—	—
甘油/（%，体积）	5	5	5	—	14	—
青霉素/（国际单位/毫升）	1 000	1 000	1 000	1 000	1 000	—
双氢链霉素/（微克/毫升）	1 000	1 000	1 000	1 000	1 000	—
适用剂型	颗粒	颗粒	颗粒	细管	细管	颗粒

注：*取1液86毫升加入甘油14毫升即为2液。

表5-5　绵羊、山羊精液常用冷冻稀释液

成分	绵羊用				山羊用	
	配方1	配方2	配方3	配方4	配方1	配方2
基础液						
鲜脱脂牛奶/毫升	—	20	10	—	—	—
乳糖/克	5.5	10	4.13	11	6	3.8
葡萄糖/克	3.0	—	2.25	—	—	2.6
柠檬酸钠/克	1.5	—	1.13	—	1.5	1.3
卵黄/毫升	—	20	—	—	—	—
维生素 B_1/克	—	—	0.003	—	—	—
磷酸氢二钠/克	—	—	0.11	—	—	—

（续表）

成分	绵羊用				山羊用	
	配方 1	配方 2	配方 3	配方 4	配方 1	配方 2
磷酸二氢钾/克	—	—	0.021	—	—	—
蒸溜水/毫升	100	80	55	100	100	100
稀释液						
Ⅰ液/（%，体积）	75	45	—	75	80	80
卵黄/（%，体积）	20	—	15	20	20	20
甘油/（%，体积）	5	5	5	5	5	5
葡萄糖/克	—	3	—	—	—	—
羊血清/毫升	—	—	15	—	—	—
青霉素/（国际单位/毫升）	1 000	1 000	1 000	1 000	1 000	1 000
双氢链霉素/（微克/毫升）	1 000	1 000	1 000	1 000	1 000	1 000

（5）冷冻精液稀释的方法　一般多采用一次或二次稀释法，三次稀释法很少应用。

① 一次稀释法。常用于颗粒冻精。将含有甘油、卵黄等的稀释液按一定比例加入精液中，适合于低倍稀释。

② 二次稀释法。为避免甘油与精子接触时间过长而造成对精子的危害，采用二次稀释法效果较好。首先用不含甘油的稀释液（Ⅰ液）对精液进行最后稀释倍数的半倍稀释，然后把该精液连同Ⅱ液一起经 1 小时缓慢降温至 0~5 ℃，并在此温度下做第二次稀释。

（6）精液的降温和平衡　降温是指精液稀释后由 30 ℃以上温度，经 1~2 小时缓慢降温至 0~5 ℃，以防低温打击。平衡是指降温后，继续在 0~5 ℃的环境中停留 2~4 小时，使甘油充分渗入精子内部，起到抗冻作用。

(7) 精液的分装　冷冻精液常采用颗粒、细管、安瓿3种分装方法。

① 颗粒冻精。将平衡好的精液直接滴在经液氮致冷的金属板或塑料板上，冷冻后制成0.1~0.2毫升的颗粒。颗粒冻精曾在牛精液冷冻中广泛应用，现多用于猪、马、绵羊及野生动物的冻精剂型，具有成本低、制作方便等优点，但不易标记，解冻麻烦，易受污染。

② 细管冻精。把平衡后的精液分装到塑料细管中，细管的一端塞有细线或棉花，其间放置少量聚乙烯醇粉（吸水后形成活塞），另一端封口，冷冻后保存。细管的长度约13厘米，容量有0.25毫升、0.5毫升、1.0毫升剂型。现生产中牛的冻精多用0.25毫升剂型。细管冻精具有不受污染、容易标记、易贮存、适宜于机械化自动化生产等特点，是最理想的分装方法。

③ 安瓿冻精。用硅酸盐硬质玻璃制成的安瓿盛装精液，用酒精灯封口，剂量为0.5毫升或1.0毫升。安瓿冻精虽剂量准确、不受污染、易标记，但体积较大、贮存不便、易爆裂，所以生产中已较少采用。

(8) 精液的冻结

① 干冰埋植法。适合小规模生产及液氮缺乏地区。

· 颗粒冷冻：把干冰置于木盒中，铺平压实，用预先做好的模板在干冰上压出直径0.5厘米、深2~3厘米的小孔，用滴管将平衡后的精液0.1毫升左右滴入孔内，覆以干冰，2~4分钟后，收集保存。

· 细管冻精：将分装的冻精平铺于压实的干冰上，并迅速用干冰覆盖，2~4分钟后取出贮存于干冰或液氮中。

② 液氮法。

· 颗粒冻精：在广口液氮瓶上安装铜纱网（或聚四氟乙烯

凹板)，调至距液氮面 1~3 厘米，预冷几分钟后，使纱网或氟板附近温度达-130~-80 ℃，将精液均匀地滴在铜纱网上，2~4 分钟后，待精液颗粒充分冻结，颜色变浅时，用小铲轻轻铲下颗粒冻精，每个纱布袋中装入 50~100 粒，沉入液氮保存。

· 细管冻精：除按上述方法对细管进行熏蒸冷冻外，也可采用液氮浸泡法。把分装好的精液细管密集竖直排列于特制的细管冷冻筐内，放入液氮容器内逐渐浸入液氮中，用计算机精确控制浸入液氮的速度，完成冷冻过程。这种方法启动温度低，冷冻效果好，大大减少了液氮消耗量，简化了冷冻精液生产工艺流程。

(9) 冻精解冻与检查　冻精解冻是验证精液冷冻效果的一个必要环节，也是输精前必须进行的工作。方法有低温（0~5 ℃)解冻、温水（30~40 ℃）解冻和高温（50~70 ℃）解冻等。实践证明，温水解冻法特别是 38~40 ℃解冻效果最好。

细管冻精、安瓿冻精可直接投放在温水中解冻，待冻精融化一半后即可取出备用；颗粒冻精解冻时取一小试管，加入 1 毫升解冻液，放在盛有温水的烧杯中，当与水温相同时，取一粒冻精于小试管内，轻轻摇晃使冻精融化。常用解冻液为 2.9%的柠檬酸钠溶液。

解冻后进行镜检并观察精子活力，活力在 0.3 级以上者才能用于输精。

(10) 冻精的贮存与运输　冻结的颗粒、细管、安瓿或袋装精液，经解冻检查合格后，即按品种、编号、采精日期、型号分别包装，做好标记，转入液氮罐（或干冰保温瓶）中贮存备用。目前，冻精的贮存多采用液氮作为冷源。

五、输精

输精是人工授精的最后一个技术环节。适时地把一定数量的优质精液准确地输送到发情母畜生殖道内的适当部位，并在操作过程中防止污染，是保证人工授精具有较高受胎率的重要环节。

1. 输精前的准备

（1）场地的准备　输精场地在输精前应进行环境消毒、通风，保证清洁、卫生、安静的输精环境。

（2）母畜的准备　母畜经发情鉴定后，确定输精适时后，将其进行保定，并进行外阴的清洗消毒。

（3）器械的准备　各种输精用具在使用前必须彻底洗净、严格消毒，临用前用灭菌稀释液冲洗。每头家畜备用一只输精管，如果使用一只输精管给两头以上的母畜输精，需消毒处理后方能使用。

（4）精液的准备　常温保存的精液需轻轻振荡后升温至35 ℃，镜检活力不低于0.6；低温保存的精液升温后活力在0.5以上；冷冻精液解冻后活力不低于0.3。

（5）输精人员的准备　输精人员应穿好经过消毒的工作服，指甲剪短磨光，手及手臂洗净擦干后用75%的酒精消毒，必要时涂以润滑剂。

2. 输精的基本要求

（1）输精时间　母牛的输精一般应在开始接受爬跨后18~20小时进行，母绵羊应在发情后半天输精，母山羊最好在发情后12小时输精，第二天仍发情者，再输精一次。

（2）输精量及有效精子数　一般牛、羊的输精量小；体型大、经产、子宫松弛的母畜输精量相对较大，体型小以及初配母畜输精量较小；液态保存的精液输精量比冷冻精液多一些。

（3）输精部位　牛的最适输精部位是子宫颈深部或子宫体；羊只需在子宫颈内浅部输精即可达到受胎目的，绵羊冻精应尽量进行子宫颈深部输精。常见家畜对输精的要求见表5-6。

表 5-6　牛、羊对输精的要求

项目	牛、水牛		绵羊、山羊	
	液态	冷冻	液态	冷冻
输精剂量/毫升	1~2	0.2~1.0	0.05~0.1	0.1~0.2
输入有效精子数/亿个	0.3~0.5	0.1~0.2	0.5~0.7	0.3~0.5
适宜输精时间/小时	发情后 10~20，或排卵前 10~20		发情后 10~36	
输精次数	1~2		1~2	
输精间隔时间/小时	8~10		8~10	
输精部位	子宫颈深部或子宫体内		子宫颈内	

3. 输精方法

（1）母牛的输精方法　母牛的输精方法已普遍采用直肠把握法（图 5-3）。一只手伸入直肠握着子宫颈外口，另一只手持输精管插入阴道，先斜向上再向前行，当输精管行至宫颈外口时，两只手协同操作，将输精管通过子宫颈，最后把精液注入到

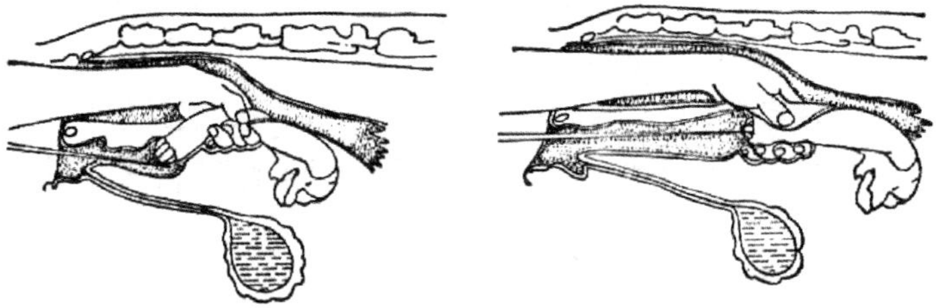

（a）　　　　（b）

（a）通过牛直肠把握子宫颈深部输精中，为错误的子宫颈把握方法。子宫颈倾斜或没有向前拉，无法将输精器导入子宫颈口；（b）为正确的操作方法，可将输精器顺利导入子宫颈口。

图 5-3　牛直肠把握输精法

子宫颈内口处或子宫体中。此法用具简单，操作安全，受胎率高，是目前广泛应用的一种方法。

（2）*母羊的输精方法* 一般采用开膣器输精法，发情母羊多时，可利用凹坑装置，此法需要三人操作，其中一人将母羊抓到输精架内，一人用开膣器打开阴道，用输精器伸入子宫颈外口1~2 厘米处做输精操作，再有一人处理精液及挑选母羊等，每小时可输精 100 只以上。

六、影响受胎率的因素

人工授精是家畜繁殖和改良育种工作的一项最有成效的常规繁殖技术。衡量人工授精效率的最终考核指标是母畜的受胎率。影响母畜受胎率的因素主要有以下几个方面。

1. 公畜精液品质

公畜精液品质优劣主要反映在精子活率和受精能力强弱上，这与公畜的饲养管理和配种制度密切相关。

2. 母畜体况和繁殖机能

母畜在具有繁殖能力期间，其生理状况和生殖机能一旦失调或异常则会严重影响受胎率。

3. 输精适期

母畜明显的发情和正常的排卵，以及适时输精，均有利于提高受胎率。

4. 操作人员技术水平

操作人员的技术水平是人工授精成败的重要因素，直接影响母畜受胎率的高低。人工授精除要求熟练掌握有关技术外，还必须严格遵守卫生消毒制度和操作规程。

第六章　牛羊的妊娠与分娩

第一节　牛羊妊娠诊断

妊娠诊断，就是根据雌性动物妊娠与非妊娠阶段的生理、生化、行为和体征体态变化，做出确认。妊娠诊断的方法很多，但寻求和研究一种操作简便、准确实用的早期妊娠诊断方法，一直是畜牧兽医工作者长期以来的心愿。

一、妊娠母畜的主要生理变化

1. 生殖激素的变化

(1) 孕酮　妊娠母畜血液中，孕酮含量一直维持在较高水平，是妊娠维持的主要激素。母牛的孕酮主要来自黄体，母羊妊娠的后半期主要来自胎盘。

(2) 松弛素　是一种多肽类激素，主要由黄体（牛）和胎盘产生（绵羊)，对妊娠维持和分娩具有重要作用。妊娠早期，它使子宫结缔组织松软，有利于子宫随胎儿生长而扩展；在后期，它可引起骨盆腔开张。牛、羊在分娩前，松弛素水平都有上升。

(3) 雌激素　雌激素在妊娠早期水平低，而在妊娠中后期血液中的浓度越来越高。妊娠期的雌激素主要来自胎盘，它在妊娠期的主要功能是与孕激素协同作用，促进乳腺的发育，为产后的泌乳做准备。

（4）其他激素　如促乳素，由胎盘产生，促进乳腺和胎儿发育，甲状腺素、甲状旁腺素和肾上腺素等对维持牛羊妊娠期的代谢水平有重要作用，为胚胎和胎儿发育提供良好环境。

2. 生殖器官变化

（1）卵巢　出现妊娠黄体，卵巢的周期活动基本停止。

（2）子宫　子宫腔不断扩大，子宫肌不发生收缩或蠕动，处于相对静止状态。

（3）子宫颈　出现子宫栓，子宫颈括约肌处于收缩状态。

（4）外生殖道　牛和羊妊娠以后，阴唇收缩，阴门紧闭，阴道黏膜苍白、发干。妊娠后期，阴唇逐渐水肿、柔软。

（5）子宫阔韧带　子宫阔韧带逐渐松弛，同时，韧带平滑肌纤维和结缔组织增生，韧带变厚。

（6）子宫动脉　妊娠后，子宫动脉血流量增大，血管内壁增厚，脉搏变成不明显的颤动，称作妊娠脉搏。

3. 母畜行为变化

怀孕后，母体的新陈代谢旺盛，食欲增进，消化能力提高，因此，孕畜营养状况改善，表现为体重增加，毛色光润。

怀孕初期，阴唇收缩，阴门裂紧闭。随妊娠期进展，阴唇的水肿程度增加。

妊娠后半期，由于胎儿骨骼发育的需要，母体内钙磷含量往往降低，饲养时如矿物质缺乏，常可见后肢跛行，牙齿也易受到缺钙的影响而磨损较快。

妊娠末期，母畜因不能消化足够的营养物质以供给迅速发育的胎儿的需要，致使消耗妊娠前半期贮存的营养物质，所以牛和羊在分娩前常常消瘦。在牛怀孕的后期，常可以发现由乳房到脐部的水肿扩展及后肢发生水肿。怀孕母牛，随着胎儿的增长，母体内脏器官容积缩小，这就使排粪、排尿次数增多，而每次量减少。妊娠末期，腹部轮廓也发生变化，行动稳定，谨慎，容易疲倦、出汗。

二、妊娠诊断的意义

早期妊娠诊断，是指在母畜配种后的最短时间（通常是指1~3个情期）内，确诊妊娠与否，对于保胎护产、减少空怀、提高繁殖效率尤其重要。早期妊娠诊断具有以下意义。

1. 防止流产

对诊断为已经妊娠的母畜，应尽早按孕畜的营养需要进行饲养管理，以维持母畜的健康、确保胎儿的正常发育，防止流产。对于大家畜，早期妊娠诊断能有效地防止孕后发情误配而引起的流产。

2. 及早再配或淘汰

对诊断为未妊娠的母畜，有利及早查明原因。如果未孕是由配种（交配）时间不当或配种方法不适或由于公畜精液品质不合格引起，则需总结经验准备下个发情期再配；如果未孕是由母畜生殖道疾病引起，则应对其进行治疗或淘汰。

3. 早期妊娠诊断可有效地提高畜群繁殖率

在适配的奶牛群中，如果不进行早期妊娠诊断，个体或群体累计失配13.5个发情周期（283天）就意味着少产一犊，并损失一个泌乳期的泌乳量。

4. 早期妊娠诊断有利于生产计划的合理安排

如预算场房建筑、饲料供应等。

三、妊娠诊断的方法

临床上应用的妊娠诊断方法主要指外部检查法和内部检查

法。每一种方法都有其自身的优点，但也有其一定的局限。因此，在临床应用时应根据畜种、妊娠阶段及饲养管理方式等来决定应采取的方法。但须指出，一般不是孤立地采用某种方法，而是把某一种或几种作为主要诊断方法，其他的则作为辅助诊断方法。

1. 外部检查法

（1）视诊　母畜配种（授精）一个性周期后，应注意观察母畜是否再次发情。如果连续 1 ~ 2 个周期不发情，则可能已妊娠。这种方法对发情规律比较正常的母畜，有着一定的实用价值，其准确率一般可达 80%以上。但是当母畜饲养管理或利用不当、生殖器官不健康、激素分泌紊乱以及有其他疾病发生时，虽未怀孕，也可能不表现发情。此外，有的母畜虽已怀孕，却会出现发情，这种情况多见于牛。

母畜妊娠后一般表现为：回避公畜，并拒绝公畜爬跨。群牧的母畜则有离群、行动谨慎、怕拥挤、防踢蹴等行为表现。食欲增加、毛色润泽、膘情良好、体重增加、性情温顺，到一定时期（牛 4~5 个月，羊 3~4 个月）后，腹围增大，腹壁向一侧突出，牛、羊多向右侧突出。已妊娠母畜外阴部干燥收缩紧闭，有皱纹出现，前庭黏膜苍白、干燥、无分泌物。妊娠后期，母畜乳房增大，尻部下塌较深，阴户出现充血膨大松弛等征状。

视诊的缺点在于对早期妊娠难以确定，另外，对少数生理异常的母畜易出现误诊，因此视诊的结果仅能作为其他方法的补充。

（2）听诊　利用听诊器在母畜外腹壁距子宫最近的部位，检查有无胎儿心音，这种方法只适用于妊娠中后期，胎龄越长准确率越高。

（3）触诊　多应用于羊，有时也可用于牛。触诊母羊时，术者面向羊尾端，用两腿夹住母羊的颈部，使母羊不能前后移动。双手紧贴下腹部，前后滑动触摸，检查子宫内有无硬块，有时可摸到黄豆大小的子叶。对母牛触诊可用手掌压迫其右腹壁，如为妊娠中后期，当手掌压迫腹壁时可明显地感觉到有胎儿的反射性撞击。

2. 内部检查法

内部检查法主要指临床诊断中的直肠检查法和阴道检查法。

（1）直肠检查法　直肠检查法是牛妊娠诊断最可靠的方法。该法简便易行，在整个妊娠期（牛从 40 天左右）都可使用，诊断结果较准确。此法可判断胎龄、识别假妊娠、假发情、死胎以及某些生殖疾病等不正常情况。

使用该法的检查人员必须经过一定的技术训练，方可熟练掌握，尤其在妊娠早期，胎儿很小，母牛生殖器官在形态上的变化不大，只有具有丰富经验的技术人员才能正确判断。直肠检查法是检查人员把手伸进母牛的直肠内，隔着直肠壁触摸卵巢、子宫、胎盘、胎儿及子宫动脉等，根据它们的变化情况来判断母牛是否妊娠。母牛妊娠后，在黄体分泌的孕激素作用下，阴道、子宫以及卵巢的形态、位置和质地等都会发生一系列有规律的变化，这些变化随妊娠的不同时期而有差异，因此在直肠检查时检查的内容依怀孕时间不同而有所侧重。如在妊娠早期，主要检查卵巢上黄体的状态，子宫角的形态和质地、两侧子宫角是否对称、孕体是否明显。妊娠中后期，由于胎儿已经下沉，子宫远离直肠，可以检查子叶胎盘。

直肠检查前的准备工作、操作手法和注意事项与发情鉴定的直肠检查法大致相同。触诊胚泡或胎儿时，动作要轻缓，且不宜拖延时间太久，以免造成流产。

（2）阴道检查法　阴道检查法也是妊娠诊断的重要临床方

法之一，是大家畜配合直肠检查进行的辅助诊断方法，是小家畜妊娠检查的诊断方法之一。

此法是用开膣器插入母畜阴道，观察其阴道黏膜的颜色、干湿状况，黏液的浓稠度、透明度和分泌量，子宫颈的形状、位置及开口处的黏液状况等。

① 阴道黏膜。妊娠 2 周后，阴道黏膜由未孕时的淡粉红色变为苍白色，干燥而无光泽，同时阴道收缩变紧，插入开膣器时感到有较大阻力。检查时动作要迅速，否则会因时间过长，阴道受刺激转为充血状态。

②阴道黏液。怀孕初期，阴道中的黏液量变少，黏稠度增加，颜色混浊，呈灰白色或略带黄色。怀孕中期，阴道黏液量有增加趋势，以牛最为明显，有时甚至可流出阴门外（指子宫栓的更换期）。

③子宫颈。妊娠后颈管紧闭，子宫颈阴道部变为苍白，颈外口处堵有浆糊状的黏液块（子宫栓），子宫栓以牛的较为明显。牛在妊娠过程中子宫栓有更替现象，被更替的黏液排出时，常黏附于阴门下角，并有粪草黏着。子宫颈的位置随妊娠的进展有所变化，怀孕初期一般位于阴道穹窿部的中央，以后由于子宫膨大下垂，使其受到牵引而向前下方移动，有时也偏向一侧。

阴道检查应注意某些个体的异常变化，如怀孕后出现发情、阴道或子宫颈病理性变化，这些都将影响妊娠判断。阴道检查虽有一定的准确性，但不能作为主要的方法，还必须结合其他方法，才能得出正确的结论。

3. 实验室检查法

(1) *超声波诊断*　是把超声波的物理特点和动物组织结构的声学特点密切结合的一种物理学诊断方法。它是以高频声波对动物的子宫进行探查，碰到母畜子宫不同组织结构出现不同的反射，然后将其回波放大后以不同的形式转化成不同的信号显示出来，以探知胚胎的存在。Lindahahl（1966）最早把超声诊断技术引入兽医领域，以后超声波诊断技术就在兽医领域广泛使用起来，目前应用的诊断仪主要有 A 超、B 超和多普勒超声三种。

实时超声显像法（简称 B 超），此法是将回声信号以光点明暗的形式显示出来。回声强光点就亮，回声弱光点就暗。光点反映组织内各界面反射强弱及声能衰减的规律，这样由点到线到面构成一幅被扫描部位组织或脏器的二维断层图像，称为声像图。超声波在家畜体内传播时，穿透子宫、胚泡或胎儿等，由于脏器或组织的声阻抗不同，界面形态不同，以及脏器间密度较低的间隙，造成各脏器不同的反射规律，形成各脏器各具特点的声像图。用 B 超诊断配种后 28 ~ 30 天的奶牛妊娠诊断准确率达 98.3%。

超声波早期诊断动物妊娠具有安全、准确、简便、快速等优点，是较为理想的早期妊娠诊断方法。但由于经产母畜与处女母畜的卵巢位置有差异，以及盆腔脏器的干扰，常影响准确性。实时超声显像法的准确率高于其他两种，但目前由于设备较为昂贵，生产中尚未广泛应用。

(2) *孕酮水平测定法* 母畜体内孕酮的主要来源是黄体，因此体内孕酮水平的变化可作为监测母畜生殖活动的精确指示剂。由于妊娠黄体的存在，在相当于下一个情期到来的时间，其血中（血清）和奶中（乳汁或乳脂）孕酮含量要远远高于未孕母畜。因此测定母畜血浆或乳汁的孕酮浓度可以进行早期妊娠诊断。

采乳样比采血样方便，目前测定乳中孕酮的含量较多，而乳中孕酮水平受乳脂含量的影响，故测定脱脂乳孕酮水平比测定全乳更准确。

（3）*免疫学诊断法* 是指根据免疫化学和免疫生物学的原理所进行的妊娠免疫学诊断。其主要依据是：怀孕后，胚胎、胎盘及母体组织分别能产生一些化学物质、激素或酶类，其中某些物质具有很好的抗原性，能刺激动物机体产生免疫反应，如果用这些物质去免疫其他家畜，会在体内产生强烈的抗体，可用其血液制成抗血清。血清中的特异抗体只能和其诱导的抗原相同或相近的物质进行特异结合。抗原和抗体的这种结合可以通过两种方法在体外测定出来：一种是荧光染料或同位素标记，然后在显微镜下定位；另一种是抗原和抗体结合产生某些物理性状，如凝集反应、沉淀反应，利用这些反应的有无来判断家畜是否妊娠。

四、母牛的妊娠诊断

1. 直肠检查法

配种 19~22 天：子宫的变化不明显，不能摸到胚泡。在排卵侧卵巢上，若存在发育良好、直径为 2.5~3 厘米的黄体，则是妊娠的重要表现。配种后没有怀孕的母牛，通常在第 18 天黄体就会消退，因此，不会有发育完整的黄体。

妊娠 30 天：两侧子宫大小不对称，孕角略微变粗，质地松软，有波动感，孕角的子宫壁变薄；空角硬而有弹性，弯曲明显；用手轻握孕角，从一端滑向另一端，有胎膜囊从指间滑落的感觉。若用拇指与食指轻轻捏起子宫角，然后稍微放松，可感到子宫壁内先有一层薄膜滑开，这就是尚未附植的胚囊壁。

妊娠 60 天：孕角明显增粗，相当于空角的 2 倍左右，波动感明显，角间沟变得宽平，可摸到整个子宫。

妊娠 90 天：孕角有胎儿头或排球大小，波动极明显；角间沟消失，子宫开始沉向腹腔，初产牛子宫下沉要晚些。子宫颈前移，有时能摸到胎儿。孕侧的子宫中动脉根部有微弱的震颤感（妊娠特异脉搏）。

妊娠 120 天：子宫像装满东西的口袋全部沉入腹腔，子宫颈已越过耻骨前缘，一般只能摸到子宫的背侧及该处的子叶，子叶如蚕豆大小，可摸到胎儿，孕侧子宫动脉搏动明显。

此后到分娩：子宫进一步增大，沉入腹腔甚至抵达胸骨区，子叶逐渐长大如胡桃、鸡蛋。子宫动脉越发变粗，粗如拇指，双侧都有明显的妊娠脉搏。妊娠后期可触到胎儿、四肢及各部。

母牛妊娠 3 个月后，子宫动脉的怀孕脉搏即可作为诊断的重要标志。寻找子宫动脉的方法是，将手伸入直肠后，手心向上，指肚贴着椎体向前滑动，在岬部的前方可摸到腹主动脉的最后一个分支，即髂内动脉，在左右髂内动脉的根部各分出一支动脉即为子宫动脉。用双指轻轻捏住子宫动脉，压紧一半就可感觉到典型的颤动。

2. 孕酮水平测定法

根据妊娠后血中及奶中孕酮含量明显增高的现象，常用放射免疫和酶免疫法测定奶样中的孕酮含量进行妊娠诊断。用放射免疫法对奶样孕酮进行测定在 1974 年就成为商业化的方法，1980 年英国农业研究委员会动物生理研究所介绍检测输精后 3 周乳样中的硫酸雌甾酮含量以判断是否妊娠，以上两种方法都被英国乳品推销委员会宣布认可使用。应用放射免疫法在配种后 20～25 天测定孕酮含量，奶牛每毫升乳汁孕酮含量大于 7 纳克为妊娠，小于或等于 5.5 纳克为未孕，5.5～7 纳克为可疑，其妊娠准确率为 81.6%，空怀准确率 100%。

3. 10%或 25%苛性钠溶液煮沸法

取一块玉米粒大小的子宫颈黏液置于试管内，加 10%或 25%苛性钠溶液 5 毫升，煮沸一分钟。若液体被染成橙色至暗褐色，则可判定该牛已孕；若溶液呈透明黄色，则判定该牛未孕。用 10%苛性钠溶液煮沸法其妊娠准确率可达 85%以上，用 25%苛性钠溶液其妊娠诊断准确率达 90%以上。

4. 超声波诊断法

目前国内试制的有两种：一种是用探头通过直肠探测母牛子宫动脉的妊娠脉搏，由信号显示装置发出的不同声音信号来判断妊娠与否。另一种是探头伸入阴道穹隆 2 厘米处，在下方两侧进行探测。母体宫血音：妊娠 30~40 天出现“阿呼”音，40 天以后有“蝉鸣”音判为妊娠，未孕牛或因子宫下垂，探头接触不良时，仅听到“呼呼”音，声音频率与母体脉搏相同。胎儿死亡时，也只能听到“呼呼”音。胎儿脐血音：呈节律很快的血流音，其频率为每分钟 120~180 次，从妊娠第 50 天起比较明显。应用 SCD－Ⅱ型超声多普勒诊断仪，对配种后 33~70 天的母牛进行探测，其妊娠诊断准确率可达 90%左右。

在有条件的大型奶牛场也可采用较精密的 B 型超声波诊断仪。其探头放置在右侧乳房上方的腹壁上，注意探头应涂以接触剂（凡士林或石蜡油），接触部位应剪毛。探头方向应朝向妊娠子宫角。通过显示屏可清楚地观察胚泡的位置、大小，并且可以定位照相。通过探头的方向和位置的移动，可见到胎儿各部的轮廓、心脏的位置和跳动情况、单胎或双胎等。

五、母羊的妊娠诊断

羊个体小，不便进行直肠检查，主要采用外部观察，结合阴道检查、腹壁触诊及其他一些方法，如 B 超、直肠探诊等方法进行妊娠诊断。

1. 外部观察

母羊配种后一个发情周期不再发情，一个月后阴户干燥紧缩，颜色发紫，从阴道向外流出透明而略带黄色的黏液，便可初步认为怀孕。检查妊娠母羊的阴道，刚打开时可见黏膜为白色，几秒钟后即变为粉红色，而未孕羊的阴道黏膜为粉红色或苍白，且由白变化的速度较慢。孕羊 60 天后腹部明显增大，触诊能摸到胎儿。

2. 腹壁触诊

检查者在羊体右侧与羊并立，或两腿夹住羊的颈部，人脸朝向羊尾部，以左手从羊右侧围住腹部，右手从羊左侧抱住羊腹，两手先在腰椎下方轻缓压缩腹壁，然后右手用力压左侧腹壁，如此则可将子宫推向右侧腹壁，左手在右侧腹壁上前后滑动，触摸是否有硬块（胎儿）。触诊到的胎儿好像漂浮于腹腔中，膘情差或被毛少的母羊，有时还可摸到子叶。

3. 其他方法

用 B 超进行妊娠诊断，其准确率高，操作也简便。根据有关实验，把波尔山羊胚胎移植到本地白山羊或奶山羊体内，进行早期妊娠检查，在胚胎移植后 20~100 天对羊进行妊娠诊断，其阴性和阳性的准确率为 100%。在胚胎移植（2~8 细胞胚胎）30 天以后进行 B 超妊娠检查，不仅可准确判断妊娠情况，而且能得到胚胎移植羊流产或妊娠中止的数据。试验说明，B 超妊娠诊断是目前波尔山羊胚胎移植产业化过程中的一个重要环节。

用放射免疫分析法检测血液中的孕酮和雌二醇水平，连续检测一个发情周期（20 天），每 5 天采集血液样本 1 次，每只母羊连续采 4 次。由检测结果分析得出的结论，经实践检验，妊娠诊断的准确率为75%，如果结合其他妊娠诊断方法，可以进一步提高波尔山羊妊娠诊断的准确率。

第二节 牛羊的分娩

一、分娩预兆与分娩过程

1. 分娩预兆

随着胎儿的发育成熟和分娩期的接近，母畜的生殖器官与骨盆都要发生一系列生理变化，以适应排出胎儿和哺乳幼仔的需要。母畜的行为及全身状况也发生相应的变化，通常把这些变化称为分娩预兆。我们可根据这些变化预测牛和羊分娩的时间，以便做好产前准备，以确保母仔安全。

(1) 乳房的变化 乳房在分娩前迅速发育，膨胀增大，腺体充实，有时还出现浮肿。临近分娩时，可从乳头中挤出少量清亮胶状液体或挤出少量初乳，有的出现漏乳现象。

(2) 外阴部的变化 母畜在分娩前数天到1周左右，阴唇逐渐变松软、肿胀并体积增大，阴唇皮肤上的皱褶展平，并充血稍变红，从阴道流出的黏液由浓稠变稀薄。奶山羊的阴唇变化较晚，在分娩前数小时至10多个小时才出现显著变化。

(3) 骨盆的变化 骨盆韧带在临产前数天开始变为松软。牛的荐坐韧带后缘原为软骨样，触诊感硬，外形清楚，到妊娠末期，由于骨盆血管内血量增多，静脉瘀血，促使毛细血管壁扩张，血液的液体部分渗出管壁，浸润周围组织，骨盆韧带从分娩前1~2周开始软化，到分娩前的12~36小时，荐坐韧带后缘变得非常松软，外形几乎消失，尾根两侧下陷，只能摸到一堆松弛组织，通称为“塌窝”，但初产牛这些变化不甚明显。奶山羊的荐坐韧带软化也比较明显，当荐骨两旁的组织各出现一纵沟，荐坐韧带后缘完全松软时，分娩一般不超过一天。在荐坐韧带软化的同时，荐髂韧带同样也变得柔软，使荐骨后端的活动性增大，当手握羊的尾根时可上下活动，而牛臀部肌肉肥厚，手握尾根时活动性不是很明显。

(4) 行为的变化　母畜在分娩前都有较明显的精神状态变化，均出现食欲不振、精神抑郁和来回走动不安、离群寻找安静地方等现象。

2. 分娩过程

母畜的整个分娩过程是从子宫肌和腹肌出现阵缩开始的，至胎儿和附属物排出为止。一般划分为开口期、产出期和胎衣排出期。但开口期与产出期没有明显界限。

(1) 子宫颈开口期　又称准备期，指从子宫肌开始阵缩为起点，到子宫颈口完全开张与阴道之间的界限消失为止。这一期仅有阵缩而无努责。开始时收缩频率低，间隔时间长，持续收缩的时间和强度低。随后收缩频率加快，收缩的强度和持续时间增加，到最后以每隔几分钟即收缩一次。初产母畜表现不安、起卧频繁、食欲减退等；经产者表现不甚明显，稍有不安，轻度腹痛，尾根举起，常作排尿状态，并停止采食或者是很少进食。

(2) 胎儿产出期　是指由子宫颈口充分开张至胎儿全部排出为止持续的时间。在这一时期，母体的阵缩和努责共同发生作用，其中努责是排出胎儿的主要力量。

在这时期，母体的行为变化表现为极度不安，起卧频繁，前蹄刨地，后肢踢腹，回顾腹部，弓背努责，嗳气等。当胎儿前置部分以侧卧胎势通过骨盆及其出口时，母体四肢伸直，努责的强度和频率都达到极点。努责数次后，休息片刻，又继续努责。在产出期中期，胎儿最宽部分的排出需要较长时间，特别是头部。

当胎儿通过骨盆腔时，母体努责表现最为强烈。正生胎向时，当胎头露出阴门外之后，母畜稍微休息，继而将胎儿胸部排出，然后努责缓和，其余部分随之迅速被排出，仅把胎衣留于子宫内。此时，不再努责，休息片刻后，母体就能站起来照顾新生幼仔。

牛的产出期为6小时左右，也有长达12小时的，绵羊为4~5小时，山羊为6~7小时。

（3）胎衣排出期　胎衣是胎膜的总称，包括部分断离的脐带。胎儿被排出之后，母体就开始安静下来，几分钟之后，子宫再次出现轻微的阵缩与努责。胎衣的排出，主要是由于子宫的强烈收缩，从胎儿胎盘和母体胎盘中排出大量血液，减轻了绒毛和子宫黏液腺窝的张力。胎衣排出得快慢，因各种动物的胎盘组织构造不同而有差别。

二、正常分娩的助产

原则上对正常分娩的牛和羊无需助产。助产人员的主要职责是监视牛和羊的分娩情况，发现问题及时给予必要的辅助和对仔畜的护理。如需助产时重点注意以下几个问题。

1. 产前卫生

母畜临产时先用温开水清洗外阴部、肛门、尾根及后躯，然后用70%的酒精、1%的来苏尔溶液或0.1%的高锰酸钾溶液消毒。

2. 撕破羊膜

当头露出阴门之外而羊膜尚未破裂时，应立即撕破羊膜，使胎儿鼻端露出，防止窒息。

3. 托住胎儿

若遇牛和羊站立分娩，应双手托住胎儿，以防落地摔伤。

4. 断脐

处理脐带的目的并不在于防止出血，而是希望断端尽早干燥，避免因细菌侵入而造成感染。为了使胎盘上更多的血液流入幼仔体内，可在脐带上涂上碘酊后，用手把脐带血向幼仔腹部捋，至脐血管显得空虚时再从距脐孔之下 12~15 厘米脐带狭窄处剪断。断脐后除持续出血不止，一般不进行结扎。

5. 擦干幼仔身上的黏液

幼仔出生后可立即将其身上的胎水或黏液擦干。

6. 帮助幼仔站立和哺乳

新生仔产出不久即试图站立，但最初一般站不起来，应予以帮助，并进行人工哺乳。

三、难产的助产

1. 难产的类型

难产包括产力性难产、产道性难产、胎儿性难产三种。

2. 难产的救助原则

① 了解病情，摸清产道及胎儿的状态，采取有针对性的助产手术，以确保母子双全，同时要特别注意保护母畜的繁殖力。

② 为便于矫正和拉出胎儿，特别是胎水已流尽时，应向产道内灌注大量润滑剂（石蜡油或植物油），或者灌入加热到 35~40 ℃的消毒肥皂水。

③ 助产时应根据情况改变母畜的姿势，避免因矫正或截除部分肢体使母畜过度努责而影响操作。

④ 应尽量避免剖宫产手术，因对以后的妊娠有一定影响，必须进行时应从左侧（牛羊）切开腹壁才不致肠管外漏，省时省力。

⑤ 矫正胎位时，应力求在母畜阵缩间歇期将胎儿推回子宫，以利矫正胎势。

3. 难产的预防

① 应避免母畜过早配种产仔。

② 要注意妊娠期间母畜的合理饲养。

③ 对妊娠母畜安排适当的运动。

④ 临产时对分娩是否正常及早做出诊断。

四、产后护理

1. 新生幼仔的护理

（1）防止新生幼仔窒息　幼仔出生后应立即清除其口腔和鼻腔的黏液，一旦出现窒息，应立即找原因并进行人工呼吸。

（2）注意保温　新生仔的体温调节中枢尚未发育完善，皮肤调节温度的机能差，而外界温度又比母体内低得多，特别是冬季和早春寒冷季节，若不注意保温，幼仔极易受到冷冻而死亡。

（3）尽早让幼仔吃足初乳　初乳是新生仔获得抗体的唯一来源。初乳中的抗体可以增强仔畜的抵抗力。初乳中含有大量的镁盐，有助于刺激肠道发生缓泻作用，促使胎粪排出。初乳不但含有大量的维生素A，而且还含有大量的蛋白质，特别是清蛋白和球蛋白的含量要比常乳高出20～30倍，这些物质无需经过肠道分解，就可直接吸收。此外，新生仔消化道很不发达，消化腺和胃肠道的消化机能很不完全，但生长发育速度却很快，新陈代谢非常旺盛，所以在它站立以后需立即辅助它找到乳头，吮食初乳，时间越早越好。犊牛在出生后30～50分钟就应吃到第一次初乳。

（4）注意脐带的变化　新生仔的脐带断端一般于生后1周左右自行脱落。在此期间应经常注意观察脐带的变化，防止幼仔间相互舔吮而感染发炎。

（5）预防疾病　由于新生仔本身抵抗力弱，加之环境、营养、免疫、遗传和难产等因素的影响，常常容易在出生后不久便出现一些病理现象，如孱弱、便秘、拉稀、脐带不能闭合、融血病、腹痛、仔猪低血糖症等，为此应采取积极的防治措施。

2. 母畜的护理

（1）提供饮水　在分娩过程中母畜丢失大量水分，所以产后应补充体内水分的损耗，同时也有助于促进母畜的泌乳活动。

（2）保持产后母畜外阴部的清洁卫生　产后应用消毒溶液清洗母畜外阴部、尾巴及后躯。对难产并进行了助产的母畜需进行抗菌消炎、强心利尿。

（3）注意产后母畜的营养　喂给质量高、容易消化的饲料。但量不宜过多，以免引起消化道或乳腺疾病。饲料应逐渐转变为正常。

（4）役用家畜母畜分娩　前半个月内应停止使用。

第七章 牛羊的繁殖力

第一节 繁殖力

一、繁殖力的概念

繁殖力可概括为家畜维持正常繁殖机能、生育后代的能力。对于种畜来说，繁殖力就是它的生产力。影响繁殖力的因素很多，除繁殖方法和技术水平外，公母畜本身的生理条件也起着决定性的作用。因此，公母畜的遗传性，公畜的精液质量，母畜的发情生理、排卵数目、卵子的受精能力和胚胎的发育情况等都是影响繁殖力的重要因素。

对母畜来说，繁殖力是一个包括多方面的综合性概念，它表现在性成熟的早晚，繁殖周期的长短，每次发情排卵数目的多少，卵子受精能力的高低，妊娠、分娩及哺乳能力的高低等。概括起来，集中表现在一生或一段时期内繁殖后代数量多少的能力，其生理基础是生殖系统（主要是卵巢）机能的高低。

对公畜而言，繁殖力主要表现为能否产生品质良好的精液和具有健全旺盛的性行为。因此，公畜的生理状态、生殖器官特别是睾丸的生理功能、性欲、交配能力、配种负荷、与配母畜的情期受胎率、使用年限及生殖疾病等都是公畜繁殖力所涵盖的内容。

就整个畜群来说，繁殖力高低是综合个体的上述指标，以平均数或百分数表示。如总受胎率、繁殖率、成活率和平均产仔间隔等。

通过繁殖力的测定，可以随时掌握畜群的繁殖水平，反映某项技术措施对提高繁殖力的效果，并及时发现畜群的繁殖障碍，以便采取相应的手段，不断提高畜群的数量和品质。

测定繁殖力的最好方法是根据过去的繁殖成绩进行统计和比较，如测定人工授精用种公牛的繁殖力，须对公牛的精液进行大群的人工授精试验，了解与配母牛的受胎情况；测定个别母牛的繁殖力，可根据每次受胎的配种情期数、配种期的长短和产犊间隔来比较。

为了使畜群保持较高的繁殖力，必须经常整理、统计和分析有关生产技术资料（如配种、妊娠、产仔记录等），以便发现存在的问题并及时做出改进方案。

二、牛羊的正常繁殖力

正常繁殖力是指在正常的饲养管理条件下，获得最佳经济效益的繁殖力。在生产实际中，即使满足家畜正常繁殖机能的生理要求，在一个家畜群体中，也很少能达到100%的繁殖率。因为每一种具体的饲养、管理和环境条件，都会使部分个体的生理机能发生某些变异，这些变异常常会是暂时的，有时也会是较长期的，甚至永久地影响群体的繁殖力。因此，对不同家畜、不同品种以及不同饲养管理环境条件，必须分别规定正常繁殖力的标准。

1. 牛的正常繁殖力

母牛的繁殖力常用一次配种后受胎效果来表示。此数值随着妊娠天数的增加而降低，至分娩前达到最低值。这说明在妊娠过程中，由于早期胚胎的丢失、死亡和早期流产而降低了最终受胎率。

根据大量的统计结果，母牛一次配种后，虽然在第一个月不再发情者可高达 75%以上，但最终产犊者不超过 65%，一般为 50%~60%。

每头受胎母牛需要配种情期数越多，则实际受胎率越低。因此，在由于生育原因淘汰的母牛中，配种次数越多，淘汰比例也应越大（表 7-1）。

表 7-1　母牛不同配种情期数的受胎率

配种情期数	受精数/头	受胎率/%
1	5 744	60. 6
2	2 146	54. 6
3	890	46. 2
4	411	43. 3
5	191	40. 3
5 以上	200	22. 5

公牛在合理的饲养管理条件下，产生正常而有受精能力的精子，同时要保持旺盛的性机能，较高的交配能力，以保证其精液通过自然交配或人工授精的方法得到较高的受精妊娠率。因此，认真检查公牛睾丸和生殖器官各部位的生理功能，测定公牛性欲和交配能力，是保证公牛正常繁殖力和选择有最大繁殖潜力公牛的有效措施。

具有较高繁殖力公牛的主要指标为：膘度适中、健壮、性欲旺盛、睾丸大而有弹性、精液量大、精子活率高而密度大、精子畸形率低等。

在不同品种和饲养管理条件下，牛群的繁殖力水平也有很大的差别。在正常情况下，每头繁殖母牛每年应产犊 1 头。母牛繁殖力可用产犊指数（见后文）来表示，奶牛的标准产犊指数为 365 天，但群体母牛的产犊指数，往往有很大差异。

在澳大利亚的肉牛生产中，繁殖力较高的母牛群可达到以下标准：产犊间隔平均 365 天，总受胎率 90%～92%，产犊率 85%～90%，犊牛断乳成活率 83%～88%。我国牧区黄牛由于饲草条件差，冬季严寒，枯草季节长，往往造成母牛特别是哺乳母牛产后乏情期长，发情及受胎率低，使产犊间隔大大延长，某些地区1 头母牛平均两年才产 1 犊。

我国奶牛的繁殖力也低于发达国家水平，成年母牛的情期受胎率一般为 40%～50%，少数可达 60%，低的仅 30% 左右。但就全年受胎率而论，一般都能达到 90%以上，这些都是通过增加配种次数来实现的，然而这常常是不经济的，因为在两个奶牛群中，若全年受胎率均为 90%，其中只配 3 个情期以内者与需要配十几个情期者相比，在经济效益上显然有很大差异。

国内外奶牛繁殖力现状见表 7-2。

表 7-2　国内外奶牛繁殖力现状

繁殖力评定指标	国内水平		美国威斯康星州水平	
	一般	良好	一般	良好
初情期/月	12	8	14	12
配种适龄/月	18	16	17	14～16
头胎产犊月龄	28	26	27	23～25
第一情期受胎率/%	40～60	60	50	62
配种指数	1.7～2.5	1.7	2	1.65

（续表）

繁殖力评定指标	国内水平		美国威斯康星州水平	
	一般	良好	一般	良好
总受胎率/%	75~85	90~95	85	94
发情周期为18~24天的母牛比例/%	80	90	70	90
产后50天内出现第一次发情的母牛比例/%	75	85	70	80
分娩至产后第一次配种间隔天数	80~90	50~70	85	45~70
牛群平均产犊间隔/月	15~14	13	13	12
年繁殖率/%	80~85	90	85~90	95

2. 羊的正常繁殖力

对于进行自然交配的种公羊来说，正常情况下交配而未孕的母羊百分数，可反映不同公羊的繁殖力。对于不同品种的公羊来说，这一指标有一个平均的范围，一般为0~30%。低于5%者可认为是繁殖力很高的公羊。除此之外，目前把睾丸的大小和质地、精液品质、性欲等作为公羊繁殖力综合评定的主要依据。

母绵羊的正常繁殖力，因品种和饲养条件而异。在气候和饲养条件不佳的高纬度、高原地区，母羊一般产单羔；但在低纬度和饲养条件较好的地区，如我国的小尾寒羊和湖羊等品种大多产双羔，甚至产3羔以上。表示母羊繁殖力的方法，常用每100头配种母羊的产羔数来表示。由于有些母羊产双羔或多羔，所以上述指标不能正确反映产羔母羊的百分数。表7-3为主要绵羊品种的产羔率，它们的双羔率有着明显的差异，结果产羔率也有很大的差异。

表 7-3　主要绵羊品种的繁殖力

品种	性成熟（月龄）	初配适龄（月龄）	双羔率/%	产羔率/%
湖羊	4~5	17~18	—	212
小尾寒羊	4~6	8~12	56.4	229
大尾寒羊	4~6	8~12	44.6	167
藏羊（四川草地型）	6~8	18	低	70~80（103）
蒙古羊	5~8	18	低	94
东北细毛羊	5	18	—	130
新疆细毛羊	7~8	18	—	127~142
美利奴羊	5~8	18	2.8	103
南丘羊	—	—	23.0	124
多赛特羊	—	—	25.3	127
雪福特羊	—	—	43.6	146
兰德瑞斯羊（法国）	—	—	54.8	166
罗姆尼羊	—	—	—	105~145

三、评定繁殖力的主要指标

评定动物繁殖力的指标很多，不同动物种类或同种动物不同性别和不同经济用途之间，评定指标也有差异。评定雄性动物繁殖力的指标，主要有精液品质评定指标如射精量、活力、密度等和性发育指标如初情期、性成熟期以及配种受胎率等。由于繁殖力最终必须通过母畜产仔才能得以体现，因此，目前常用的繁殖力指标主要是针对母畜来制定的，但也不能忽视来自公畜的影响。

1. 牛的繁殖力指标的计算

（1）情期受胎率　表示妊娠母畜数与配种情期数的比率。

此指标能较快地反映出畜群的繁殖问题。此指标同样适用于羊。

$$情期受胎率(\%)=\frac{妊娠母畜数}{配种情期数}\times 100$$

（2）第一情期受胎率　指第一次配种就受胎的母畜数占第一情期配种母畜总数的比率。包括青年母牛第一次配种或经产母牛产后第一次配种后的受胎率。主要反映配种质量和畜群生殖能力。人工授精技术水平高低、精液质量较差、公畜交配太频繁、母畜屡配不孕等因素，均可影响情期受胎率。

$$第一情期受胎率(\%)=\frac{第一情期受胎母畜数}{第一情期配种母畜数}\times 100$$

（3）总受胎率　年内妊娠母畜头数占配种母畜头数的百分率。此指标反映了牛群的受胎情况，可以用来衡量年度内的配种计划完成情况。配种后 2 个月以内出群的母牛，可不参加统计，2 个月后出群的母牛一律参加统计。年内受胎两次以上（含两次）母牛（包括早产和流产后又受胎的），受胎头数应同时计算。

$$总受胎率(\%)=\frac{年受胎母畜数}{年配种母畜数}\times 100$$

（4）繁殖率　指本年度内实繁母牛数占应繁母牛数的比率。此项指标是生产力的指标之一，可用来衡量牛场生产技术管理水平。

$$繁殖率(\%)=\frac{年实繁畜数}{年应繁畜数}\times 100$$

（5）受胎指数　指每次受胎所需的配种次数。无论自然交配还是人工授精，指数超过 2 都表示配种工作没有组织好。

$$受胎指数=\frac{配种总次数}{受胎头数}$$

（6）产犊间隔　两次产犊间隔时间，是牛群繁殖力的综合指标，亦称平均胎间距。除一胎牛外，凡在年内繁殖的母牛，均应进行统计。由于妊娠期是一定的，因此提高母牛产后发情率和配种受胎率，是缩短产犊间隔、提高牛群繁殖力的重要措施。

$$产犊间隔 = \frac{\sum 胎间距}{n}$$

式中，n——头数；

胎间距——当胎产犊日距上胎产犊日的间隔天数；

$\sum$胎间距——n 个胎间距的合计天数。

(7) *犊牛成活率*　出生后 3 个月时犊牛成活数占产活犊牛数的比率。

$$犊牛成活率(\%) = \frac{出生后3个月活犊牛数}{总产活犊数} \times 100$$

此外，不返情率、空怀率、流产率等，在一定情况下也能反映出繁殖力和生产管理技术水平。

2. 羊繁殖力指标的计算

羊繁殖力指标计算与牛基本相似，但羊除产单羔外，也有产双羔、三羔的，因此，也有些特殊指标。

(1) *产羔率*　指产活羔数与参加配种母羊数的比率。

$$产羔率(\%) = \frac{产活羔羊数}{参加配种母羊数} \times 100$$

(2) *双羔率*　产双羔母羊数占产羔母羊总数的百分比。

$$双羔率(\%) = \frac{产双羔母羊数}{产羔母羊总数} \times 100$$

(3) *成活率*　分繁殖成活率和断奶成活率两种，用以反映适繁母羊产羔成活的成绩和羔羊成活的成绩。

$$繁殖成活率(\%) = \frac{年内成活羔羊数}{产活羔羊数} \times 100$$

$$断奶成活率(\%)=\frac{断奶成活羔羊数}{产活羔羊数}\times 100$$

四、提高繁殖力的方法和措施

动物的繁殖力取决于其本身的繁殖潜力，然而后天因素，如环境、营养、管理、疾病等对动物的繁殖力具有重要影响。只有正确掌握动物的繁殖规律，采取先进的技术措施，才能最大限度地发挥动物的繁殖潜力，提高其繁殖力。

1. 严格选种、充分利用高繁殖力种畜的遗传潜力

（1）繁殖性状的遗传规律　繁殖性状是一种受众多遗传和环境因素影响的复杂性状。有些繁殖性状受雌性的影响，有些繁殖性状仅受雄性影响，也有些性状同时受雌、雄两性的影响。总地来说，繁殖性状遗传力较低，大多在0.1以下。但是，与繁殖力有关的某些指标，如初情期、性成熟期、妊娠期等以及调节繁殖的激素及其受体水平等指标的遗传力较高，可达0.3以上。因此，对这些指标进行选择，有望提高繁殖力。

（2）在选留种畜时应将繁殖力作为重要选择指标　繁殖性状的遗传力虽然很低，但却与生产性能和经济效益紧密相关，因此必须选择繁殖力高的公、母畜作种畜。选择公畜时，要参考其祖先的生产能力，并对被选个体的生殖系统发育情况、性欲、射精量、精子质量等进行检查后再做选择。选择母畜时，应注意性成熟的早迟、发情排卵的情况，应注意对一次情期受胎率、初产年龄、排卵数、初生窝重和断奶窝重等繁殖性状的选择。

2. 科学饲养管理、确保公母畜的正常繁殖机能

（1）科学饲养　应根据品种、类型、年龄、生理状态和生产性能等给种畜喂以充足的各种营养素。种公畜对缺乏蛋白质非常敏感，应特别注意补充蛋白质饲料。对种母畜，还应根据不同

的生理阶段，给予不同的营养水平。

(2) 创造良好的环境条件 环境条件可改变动物的繁殖活动。在自然环境条件中，以气候的影响程度最大。应给动物建立良好的环境条件，注意畜舍通风、卫生情况，并保证有足够的活动场所。高温季节要采取降温防暑措施，严冬季节要注意保暖防冻。

(3) 强化科学管理 要改善畜群结构，重视遗传结构和年龄结构，才能获得最优的遗传进展，使繁殖率和增殖率升高，提供的畜产品数量也增多。实行标准化的生产，生殖激素的合理推广应用是进行繁殖管理的重要手段。人工授精、胚胎移植等技术的实施，必须有标准化的操作程序并正确地使用药物，才能保证繁殖技术的推广应用效果和畜产品质量。动物繁殖活动如受到人的控制，科学的管理措施将有利于提高动物繁殖力。对整个畜群要应用计算机建立档案，监测畜群生长发育、生产、繁殖等情况。

3. 掌握好每一种动物发情排卵的规律、确保适时输精

(1) 加强对种公畜和精液质量管理 优良品质的精液是保证受精和胚胎正常发育的前提。对人工授精使用的精液，要严格地进行质量检查，无论是用鲜精液配种还是用冷冻精液配种，都要注意检查精子活率、密度等以了解种公畜生殖机能状况和精液质量。及时治疗或淘汰有繁殖障碍或精液质量差的种公畜。

(2) 加强对母畜的发情鉴定，适时配种 准确地进行发情鉴定，决定最适的配种时间，提高受胎率，是提高动物繁殖力的重要环节。

4. 及时进行早期妊娠诊断、防止失配空怀

母畜配种后，要及时掌握母畜是否妊娠、妊娠的时间、胎儿的发育情况及母畜生殖器官的变化情况，确定母畜是否妊娠，以

便按妊娠母畜对待，加强饲养管理。母畜未孕，要及时找出其未孕的原因，并密切注意其下一次的发情，抓好再配种工作，防止失配空怀，减少经济损失。

5. 降低早期胚胎死亡率与防止流产

早期胚胎死亡和流产是影响产仔数等繁殖力指标的重要因素之一。必须注意适时输入高质量的精液，对妊娠期的母畜要加强饲养管理，要防止挤斗及滑倒，役畜要减少使役时间，防止胚胎死亡和流产。

6. 加速繁殖新技术的研究与推广应用

（1）人工授精技术　虽然人工授精技术在我国推广应用已近半个世纪，但在不少地区，特别是一些畜牧业比较落后的农村仍未普及，今后需继续加大宣传力度，推广该项技术。

（2）胚胎移植技术　通过胚胎移植可使单胎肉牛产双胎。自20世纪中后期以来，该项技术在动物生产中已显示出广阔的应用前景，具有巨大的经济效益和社会效益，今后应大力推广。

（3）诱导发情技术　对于生理性乏情（如季节性乏情、哺乳性乏情）和病理性乏情动物，可用外源激素或某些生理活性物质（如初乳）以及环境条件的刺激，促使乏情母畜的卵巢从相对静止状态转变为机能性活动状态，或消除病理因素，以恢复母畜的正常发情和排卵，即诱导发情排卵。

（4）母畜产后生殖机能监测技术　母畜产后生殖机能的恢复状况是影响产仔间隔期最关键的因素。因此，利用现代科学技术对母畜产后的生殖机能状况进行监测，以便采取适当的措施，使母畜在产后能尽早配种受孕，这对于缩短产仔间隔期，提高母畜繁殖力具有重要作用。

（5）生殖激素的应用　利用GnRH、FSH、PMSG等可以诱导不发情的母畜发情、排卵少的多排卵。生产中可应用GnRH来提高母畜情期受胎率。据对数千头母牛实验，在母牛配种或输精的同时，肌内注射 LRH－A3 20 微克后，第一情期受胎率达到 71.0%，比对照组约提高 27.3%，效果显著。利用前列腺素及类似物，可治疗持久黄体等，使患繁殖障碍的母畜恢复繁殖机能。利用孕激素类药物可以保胎。

7. 避免不育（不孕）症的发生

对种畜而言，繁殖力就是生产力，不育（不孕）就意味着繁殖力受到破坏，生产力受到损失，严重地影响畜群的增殖与改良。不育（不孕）是由两性生殖系统生理机能的失常引起，也可以由其他器官严重的疾病间接造成，以致损害配子的发生、交配能力减弱、胚胎发育障碍等。不育（不孕）可分为 4 类：一是先天性不育（不孕），包括幼稚病、异性孪生、雌雄同体、隐睾；二是获得性不育（不孕），包括症状性、营养性、使用性、气候性；三是人为的不育（不孕），如配种和人工授精技术上的错误以及条件的性反射（恶习），或青年家畜的两性隔离、延长泌乳期或绝育手术等；四是衰老性不育（不孕）。为了防止不育（不孕）对生产带来的损失，必须做好以下几个方面的工作。

（1）定期全面检查繁殖母畜　防治不育（不孕）时，应该有目的地向饲养员、配种员或挤奶员调查了解家畜的饲养、管理、使役、配种情况，有条件时可查阅繁殖配种记录和病例记录。调查饲料的种类和品质，了解饲料的加工和保管办法。不仅要详细检查生殖器官，而且要检查全身情况，有条件的，要定期对母畜进行繁殖健康检查。

（2）建立完整的繁殖记录　繁殖记录包括分娩或流产的时间、发情及发情周期的情况、配种及妊娠情况、生殖器官的检查情况、父母亲代的有关资料、后代的数量及性别、预防接种及药物使用以及其他有关的健康情况。

(3) 完善管理措施　在家畜的不育（不孕）中，由于管理不善引起的占较大比例。要求技术人员和工作人员认真负责，提高管理水平。

(4) 重视后备家畜的饲养　对青年家畜必须提供足够的营养物质和平衡饲料，及时进行疫病预防和驱虫，保证健康成长，以便按时出现有规律的繁殖周期，提高繁殖效益。

(5) 严格执行卫生措施　在进行家畜生殖器官检查、人工授精及母畜分娩时，一定要注意防止生殖器官的感染，杜绝严重影响生育力的传染性或寄生虫病的感染，对新购的家畜要隔离观察、严格检疫和预防接种。

第二节　繁殖管理

提高繁殖率是家畜饲养的关键。一个畜群，因延迟配种或不孕时间延迟而造成的损失是巨大的。它既影响畜群增殖与改良，也将带来重大经济损失。预防和治疗各种原因造成的繁殖障碍，保持母畜群正常繁殖，具有重要意义。繁殖管理通常包括繁殖计划的制订和繁殖记录的管理两个方面。

一、繁殖计划的制订

一个家畜群，繁殖管理的水平直接影响着繁殖效果。取得良好繁殖效果绝不是做好某一项工作而能奏效的，必须不断改善繁殖管理，制订详细的繁殖计划。

1. 制订繁殖计划需要考虑的问题

繁殖计划的制订是一项缜密的工作，在进行家畜繁殖前，需要考虑很多问题，如需要根据繁育场的任务、畜舍、设备、劳动力、气候等条件确定分娩制度；根据妊娠期及断奶日龄等情况，决定全场一年或一个生产周期内的配种–妊娠–分娩–哺乳等时间安排、批数和头数；根据选配计划的要求，逐头落实繁殖母畜的配种计划等一系列问题。下面以母牛为例说明繁殖计划应考虑的问题。

（1）*泌乳牛在成年母牛群中占适宜比例* 乳牛群在一年内，配种和产犊母牛头数必须相对稳定。如果当月产犊量多，则产乳量较高；如果当月产犊量少，则产乳量较低。所以，一个繁殖正常的牛群，泌乳母牛在群中所占的比例不宜低于85%，泌乳5个月以上的母牛不宜超过45%。

（2）*初配及初产年龄* 母牛群的改良与提高，与其选择强度有密切关系。一个高产牛群，每年更新率应为20%~25%。为此，一个乳牛群每年必须有相应数量的初孕母牛转入基础群，投入生产。确定适宜的初配及初产年龄是提高其繁殖率的重要环节，也是保证牛群更新的先决条件。

育成母牛在12月龄前通常出现发情，14~16个月龄配种。在一般情况下，23~25月龄初次产犊。京津沪三市许多乳牛场一般在15~16月龄、体重350千克时第一次配种，26月龄左右初次产犊。为了使初产乳牛高产，有的在17月龄进行配种，这些牛场的经验是，只有体格较大的初孕牛，才能经得起高产压力。

（3）*产后发情及配种时间* 母牛产后于50天内出现第一次发情，并且发情周期变动范围在18~24天。这标志着母牛产后繁殖机能正常。生产实践表明，凡在产犊后50天内出现发情的母牛达母牛群的80%以上，发情周期正常的母牛达90%以上，则属正常现象。如果低于上述指标，则应尽快采取对策，使其恢复正常。

产后配种时间根据母牛的产乳量，可适当提前或延迟，但不应过早或过迟，一般应在60~90天配种。对超过70天不发情的母牛或发情不正常者，应及时检查，并应从营养和管理方面寻找原因，改善饲养管理。高产牛应于产后70天左右开始配种，配种天数不超过90天。

（4）配种次数　配种技术水平主要表现在以下几个方面：一是第一次配种即可受孕的母牛应占母牛群的62%或以上；二是受胎配种次数（配次）应在1.65次以下；三是配种3次或3次以下即怀孕的母牛应占牛群总头数的94%以上。如果上述3项指标，第一次配种即孕母牛头数下降为50%或以下，受胎配种次数上升到2.0次或以上，配种3次即孕的母牛下降到85%或以下，则应查找原因，采取综合管理措施，加以改进。

（5）产犊间隔　连续两次产犊之间相隔的时间，称为产犊间隔。产犊间隔是衡量母牛群繁殖水平的最重要的指标。缩短产犊间隔可加快牛群周转，增加产乳量，提高经济效益。在一般情况下，牛群平均产犊间隔应保持在12个月。如果超过13个月，则应研究改进缩短产犊间隔的技术措施。

2. 繁殖计划的内容

繁殖计划主要有：交配与分娩计划、畜群周转计划、畜产品生产计划和饲料计划等。

（1）交配与分娩计划　畜群交配与分娩计划是实现畜群再生产的重要措施，又是制订畜群周转计划的重要依据。编制交配计划要根据牲畜的自然再生产规律，并从生产需要出发，考虑分娩时间和各方面条件来确定交配时间和交配头数，为完成生产计划提供保证。

交配分娩有两种类型，即陆续式的交配和季节式的交配。陆续式交配分娩时间比较均匀地分布在全年各个时期，所以，它可以充分利用畜舍、设备、劳动力和种公畜，在一年中可以均衡地取得畜产品。季节性交配分娩要求集中，在全年内某些季节进行，可以选择最适宜的季节进行交配和分娩，避免气候过冷过热对牲畜繁殖的不利影响，从而提高母畜受胎仔畜的成活率，并且对畜舍的质量要求较低。此外，充分利用天然饲料和青饲料，对幼畜发育成长有利，也便于饲养管理。

组织交配分娩采用哪种类型为宜，应根据畜牧业的经营方针和生产任务，家畜的饲养方式（舍饲或放牧）、气候条件、畜舍设备、劳动力情况、种公畜数量、主要饲料来源等具体条件来决定。

编制畜群交配计划，主要是确定以下指标：各时期分娩牲畜的头数；各时期交配的牲畜头数；各时期生产的仔畜头数。制订计划的方法是：根据家畜自然再生产周期和生产需要，具体安排和推算每头家畜的分娩日期和交配日期，将每头牲畜的分娩日期和交配日期汇总，即得出各时期的分娩、交配数和产仔头数。长期计划中的产仔头数一般按下式计算：

年产仔头数=母畜头数×配种率×受胎率×产仔率×母畜年平均分娩次数×每胎平均产仔数×成活率

缺少历年统计资料时，可以采用简单计算方法，公式如下。

年产仔畜数=可繁殖母畜数×分娩次数×每胎平均产仔数×每胎成活率

编制畜群交配分娩计划必须掌握下列材料。

① 计划年初的畜群结构。

② 交配分娩的类型和时间。

③ 上年已交配母畜的头数和交配时间。

④ 母畜年分娩次数、每胎产仔数和仔畜的成活率。

⑤ 计划年内预计淘汰母畜的头数和淘汰时间。

⑥ 幼母畜的成熟期和适宜开始繁殖的年龄，母畜产仔后适宜再交配的时间，空怀母畜头数和不孕原因。

（2）畜群周转计划　计划期内由于家畜的出生、成长、出售、购入、淘汰、屠宰等原因，会使畜群的结构经常发生变化。根据畜群结构的现状、养畜场的自然经济条件和计划任务，来确定计划期内畜群各组家畜的增减数量，以及计划期末的畜群结构，就需要制订畜群周转计划。通过畜群周转计划的编制和执行，可以掌握计划期内畜群的变化情况，从而研究制定有效措施，完成生产任务。还可以核算饲料、草料及其他生产资料和劳动力的需要量，也可以研究合理利用畜牧场内部自然经济条件，进一步扩大畜群的再生产，并可以计算出商品畜产品和商品家畜的收入。

根据家畜种类的不同，畜群周转计划可以按年、按季或按月编制。牛繁殖成熟慢，可以按年编制周转计划。编制的周转计划，必须反映畜群中各组家畜在计划期的增减时间和头数，计划期初、期末的畜群结构等主要指标，并使各组家畜计划期初头数加上计划内增加头数，减去减少的头数后，与计划期末头数相一致，以保证畜群周转计划的平衡。

编制畜群周转计划，应有以下材料。

① 开始畜群结构状况。

② 交配分娩计划。

③ 淘汰家畜的种类、头数和时间。

④ 计划期的生产任务及计划期内购入家畜的种类、头数和时间。

根据这些材料编制畜群周转计划，要求既能保证生产任务的完成，又能保证基本群的不断扩大，并使计划期末的畜群结构有利于今后的发展。

（3）畜产品生产计划　畜产品是指畜牧业生产所提供的奶、蛋、毛、肉、油、皮、骨、角、蹄、内脏等产品。畜产品数量的多少取决于家畜的头数和每头家畜的产量。因此编制畜产品计划，应根据家畜头数、产品率及平均活重来编制。为了增加畜产品产量，必须采取各种有效措施，增加家畜头数并提高产品率。如选用优良畜种，加强饲养管理，注意预防家畜疫病，及时淘汰繁殖能力低的母畜，提高仔畜的成活率等。下面以乳牛的产奶量计划为例进行介绍。

编制乳牛的产奶量计划，必须掌握乳牛的泌乳规律。乳牛每年分娩 1 次，分娩后泌乳期一般为 10 个月，干乳期 2 个月，两次分娩的间隔时期称为一个泌乳周期。

乳牛每一个泌乳期的泌乳量是有变化的。一般是由第 1 泌乳周期起逐期增加，到第 9 泌乳周期逐渐下降，到第 11 周期急剧下降，但不同品种的乳牛和不同饲养管理条件下，情况也不同。在每一泌乳期中的各个月份泌乳量也有变化，大体上从分娩后逐渐增加，到第 1 个月末至第 2 个月初泌乳量最高。以后每月逐渐下降，第 10 个月后则大大下降。这种情况在坐标上用线条绘出来就是泌乳曲线，不同品种的乳牛在不同的饲养管理条件下泌乳曲线各不相同。一般乳牛各泌乳月的泌乳量占整个泌乳期总泌乳量的比例大体如表 7-4 所示。

表 7-4　乳牛各泌乳月所占泌乳比

泌乳月份	1	2	3	4	5	6	7	8	9	10	合计
泌乳比/%	14.3	14.7	13.7	12.5	11.3	10.1	8.3	6.2	5.6	3.3	100.0

编制乳牛产奶量计划，首先，要确定每头乳牛在整个泌乳期内的计划产乳量。其次，要确定每头乳牛在各泌乳月的泌乳量。最后，要确定每头乳牛在计划年各日历月份的产乳量。由于乳牛泌乳月份经常是和计划年的日历月份不一致，所以应进行换算，公式如下。

日历月泌乳量=泌乳日数×泌乳月每天平均泌乳量

（4）饲料计划　为了有计划地组织饲料的生产和供应，必须编制饲料计划。饲料计划按两个时期编制，从年初至收获期为第一期，从本年收获期至下年收获期为第二期。第一期家畜所消耗饲料是上年生产的，第二期家畜消耗的饲料是计划年生产的。分两期计划需要和供应，是为了保证饲料的生产量和采购量符合家畜生产的需要。

饲料计划是按家畜的平均头数和每天家畜饲料消耗定额来编制的。

由于全年各个时期畜群头数经常变动，因此，不能仅以年初或年末头数为依据计算饲料需要量，而应以计划内的平均头数为依据。

在计算全年饲料总需要量时，还应按实际需要量增加一定的百分比（如10%~15%）作为储备，以备意外需要。

二、繁殖记录管理

完善并准确地记录，对核算家畜牧场的盈亏有着直接的影响。没有准确的配种和预产期记录，就不能采取有效的繁殖措施。同样，没有每头母畜生产性能记录，就无法进行淘汰处理，遗传选择更无从考虑。记录是决定工作日程以及制订长远计划的依据，也是对管理工作的估价。记录必须及时、准确和完善。要合理地组织记录工作，以便大部分常规工作都能按预定计划进行。

1. 出生记录

幼畜一出生就开始记录，终生保存。内容包括：编号、性别、出生重、出生日期、父本号、母本号。在系谱卡上还有明晰的毛色标记图和简单的体尺，如体高、体长、胸围、各月龄体重以及父本的综合评定等级和母本的最高产胎次、奶量、乳脂率等，在卡片的背后记录产仔和产奶的总结性信息。

2. 生产记录

生产记录要根据不同的生产目的，采用不同的记录。如对猪，其增重记录非常重要。需出生后按月称重、测量体尺。另一种生产记录是测定育肥开始和结束时的体重和体尺，之后计算出日增重。而对牛则侧重其产奶量和乳脂含量。每头需逐日记录早、中、晚各次的泌乳量，每两个月进行一次乳脂含量测定。通过生产记录综合分析，不仅能知道当日的牛奶和乳脂的产量，而且可以计算出每月、每年的总产量、饲料报酬、总盈利等，还可以依此编排出牛群生产水平的分等排列，供选择优秀个体、淘汰劣质个体时参考。而绵羊的记录则以产毛量和毛的等级为主。

各式生产记录表应根据本场的生产需要，拟定记录项目，编制适用表格。

3. 繁殖记录

坚持记录每头母畜的许多必需的项目，可以通过记录追踪，注意母畜繁殖周期及变化情况。首先，应做好母牛的编号、烙号和登记造册，其次，在此基础上做好配种繁殖的原始记录，定期进行统计整理。

对乳牛的记录内容包括：干乳时间、乳牛产仔日期、预计发情日期、计划配种日期、配种 30 天以上准备检查妊娠的日期、妊娠检查结果等。为了提高繁殖率，记录要逐日进行，保持经常性记录。

下面以母牛为例说明繁殖记录表格的制作和填写。

母牛配种记录主要涉及母牛发情时间、配种时间，交配公牛号以及孕检等情况。其格式如表 7-5 和表 7-6 所示。

表 7-5　母牛发情观察记录

序号	发情日期	耳号	发情情况	重复日期	间隔时间	重复发情情况

表 7-6　母牛配种记录

序号	发情时间	公牛健康状况	配种情况			母牛健康状况	孕检情况		配种员签名
			时间（日期）	精子活力	输精量/毫升		时间	结果	

说明：健康状况应注明正常或有某种疾病，孕检时间与结果，“+”表示孕，“-”表示未孕，孕检时间应注明年月日。

总之，繁殖记录的撰写要规范，要坚持，要认真，只有这样才能够在养殖出现问题时，通过记录找到问题所在，从而使问题得以解决。

三、繁殖管理措施

1. 提高种公畜的配种机能

（1）提高交配能力　将公畜与母畜分群饲养，采用正确的调教方法和异性刺激等手段，均可增强种公畜的性欲，提高种公畜的交配能力。对于性机能障碍的公畜可用雄激素进行调整，对于长时间调整得不到恢复和提高的公畜予以淘汰。

（2）提高精液品质　优良品质的精液是保证受精和胚胎正常发育的前提。因此，加强饲养和合理使用种公畜，是提高公畜精液品质的重要措施。在自然交配条件下，公畜的比例如果失调，或者母畜发情过分集中，易引起种公畜因使用过频而降低精液品质。这种现象在经济不发达地区经常发生，常常使一头种公畜在同一天或同一时期内配种多头母畜，导致母畜受胎率降低。此外，因饲喂含有毒有害物质或被污染、发霉的饲草饲料，或长期缺乏维生素和微量元素也会引起公畜精液品质下降。

2. 提高母畜受配率

(1) 维持正常发情周期　维持母畜在初情期后正常发情排卵，是诱导发情和提高母畜受配率的主要措施之一。一些家畜生长速度虽然很快，但在体重达到或超过初情期体重后仍无发情表现，即初情期延迟。从国外引进的猪种易发生初情期延迟，防治办法是定期用公猪诱导发情，必要时可用促性腺激素、雌激素或三合激素进行诱导发情。

(2) 缩短产后第一次发情间隔　诱导母畜在哺乳期或断乳期后正常发情排卵，对于提高受配率、缩短产仔间隔或繁殖周期具有重要意义。在正常情况下，马、驴、牛、羊等家畜在哺乳期均可发情排卵，猪一般在断乳后 1 周左右发情排卵（部分太湖猪在哺乳期也可发情排卵），如果发情时子宫已基本复原（马例外）便可配种。但在某些情况下，一些母畜在产后 2~3 个月仍无发情表现，因而延长了产仔间隔，降低了繁殖力。

影响产后第一次发情的因素很多，如哺乳（或挤乳）期长短与次数不合理、营养不良、生殖内分泌机能紊乱、生殖道炎症等。因此，采用早期断乳、加强饲养管理、及时治疗产科疾病等措施，可以预防产后乏情。必要时，可根据病因用促性腺激素、前列腺素、雌激素或三合激素等诱导发情。

3. 提高情期受胎率

(1) 适时配种　正确的发情鉴定结果是确保适时配种或输精的依据，适时配种是提高受胎率的关键。在马、牛、驴等大家畜的发情鉴定中，目前准确性最高的方法是通过直肠触摸卵巢上的卵泡发育情况，在小家畜则用结扎输精管的方法进行试情效果最佳。此外，同时结合测定技术测定乳汁、血液或尿液中的雌激素或孕酮水平进行发情鉴定的准确性也很高，而且操作方便，结果判断客观。目前国外已有 10 余种发情鉴定试剂盒供应市场。

运用人工授精技术进行配种时，常常容易忽视的问题主要是在精液解冻或输精器清洗消毒过程中的细节问题，致使精液的渗透压发生改变。例如，在解冻液配制时由于柠檬酸钠所带结晶水的分子数不一致，以致配制的溶液所含无水柠檬酸钠的量发生变化。在输精器清洗和消毒后，如果没有烘干或未用生理盐水（或解冻液）冲洗，输精器内壁黏附的水分可使精液渗透压降低。因此，严格执行人工授精技术操作规程，是提高情期受胎率的基本保证。

（2）*治疗屡配不孕*　屡配不孕是引起母畜情期受胎率低的主要原因。造成屡配不孕的因素很多，其中最主要的因素是子宫内膜炎和异常排卵。输精操作不当和胎盘滞留是引起子宫内膜炎的主要原因。因此，从母畜分娩时起，就应十分重视产科疾病和生殖道疾病的预防，同时要加强产后护理，以提高情期受胎率。

4. 降低早期胚胎丢失和死亡率

早期胚胎的丢失和死亡是降低情期受胎率的主要原因。胚胎丢失或死亡的发生率与家畜的品种、母畜年龄、饲养管理和环境条件以及胚胎移植的技术水平等因素有关。通常，胚胎在附植前后容易发生丢失或死亡。其中牛、羊的胚胎死亡率最高可达 40%~60%，一般在 10%~30%；猪的胚胎死亡率最高可达 30%~40%，一般在 10%~20%。因此，降低早期胚胎丢失或死亡率是提高母畜繁殖率的又一重要措施。

5. 加强对育种场和良种繁殖场的规范化管理

家畜育种场和良种繁殖场须持有经主管部门认可的种畜经营许可证。场舍建设与饲养管理应符合种畜的生产和防疫的要求，建立和健全公畜和母畜的系谱与繁殖性能档案，按照品种的标准严格进行选育和遗传品质鉴定，对遗传与繁殖性能低下者严格淘汰，对技术人员进行专业化与操作程序的规范化培训与管理。

第八章 胚胎移植技术

第一节 概念与原理

一、胚胎移植概念

牛胚胎移植技术是指将良种母牛体内或体外生产的早期胚胎移植到生理状态相同的母牛子宫内，使其发育成正常胎儿和后代的繁殖技术，其中，提供早期胚胎的母牛称为供体母牛，接受胚胎移植的母牛称为受体母牛。

二、胚胎移植原理

1. 胚胎移植的生理学基础

① 无论受精与否，在相同的发情周期时期（发情周期第 13 天前），供体和受体母牛的生理状态一致，生殖器官（子宫）的变化相同。

② 早期胚胎处于游离状态，可以被冲出或移入子宫。

③ 移植后不存在免疫排斥，胚胎可以在受体子宫内存活并正常发育至分娩。

④ 移植胚胎的遗传特性不受受体牛的影响。

2. 胚胎移植的基本原则

（1）生理和解剖环境相同原则　胚胎在移植前后所处的环

境应基本相同，这就要求供体牛和受体牛在分类学上属性相同、发情时间一致、生理状态相同，移植部位也应与所取胚胎的解剖部位一致。

（2）时间一致性原则　牛非手术胚胎采集和移植都必须保证胚胎处于游离状态、周期黄体开始退化前、胚胎适合冷冻保存等条件，因此，牛非手术移植时间通常在发情后的 6~7 天。图 8-1 标出了牛发情后不同时间胚胎的发育阶段和在生殖道内所处的位置。

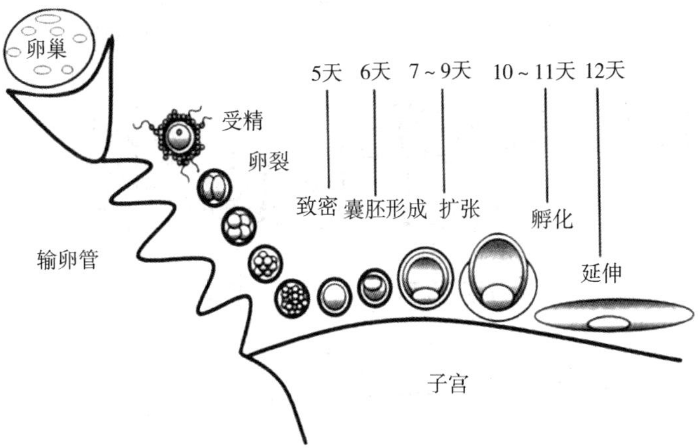

图 8-1　牛胚胎（卵子）在生殖道内运行及其发育阶段示意图

（3）无伤害原则　胚胎在体内、外操作过程中不应受到不良环境因素的影响和损伤，包括化学损伤、有毒有害物质损伤、机械损伤、温度损伤和射线损伤等。

3. 胚胎移植分类

根据胚胎生产方式或来源的不同，胚胎移植可分为体内胚胎生产与移植和体外胚胎生产与移植两种类型（图 8-2）。

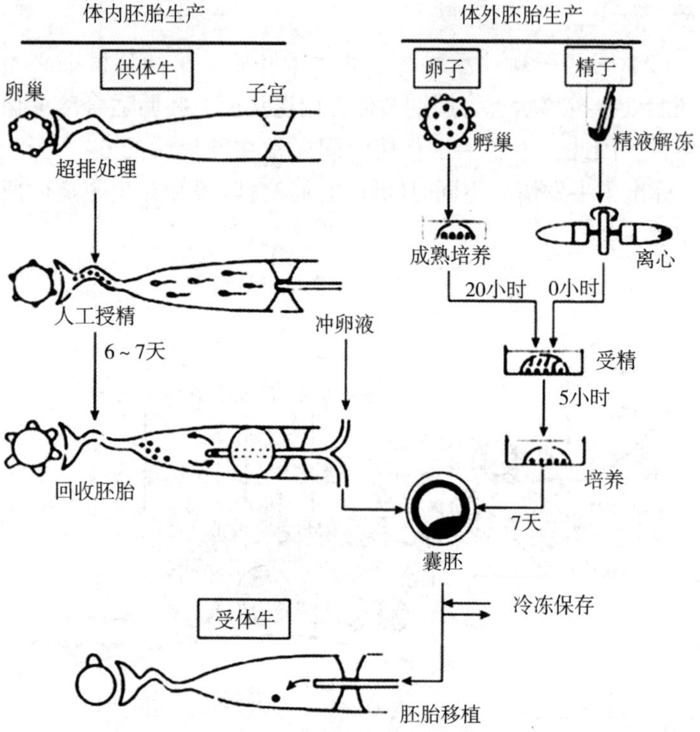

图 8-2　牛体内、体外胚胎生产及移植示意图

4. 胚胎移植技术的优势

胚胎移植技术在养牛生产中得到广泛应用，与人工授精技术相比，其技术优势体现在以下几个方面。

① 提高母牛繁殖潜力。

② 加快优秀高产母牛的遗传扩繁。

③ 保存牛遗传资源。

④ 引进种质资源。与活畜和冷冻精液（冻精）引种相比，具有较大的优势，详见表 8-1。

表 8-1　牛不同引种方法的比较

引种方法	优点	缺点
活畜	繁殖快，利用早	数量限制，成本高；存在引进疫病的危险；运输麻烦
冻精	数量大，成本低；传染疫病的危险性小；运输方便	不能引进纯种牛
胚胎	传染疫病的危险性小；数量大，成本较低；运输方便	需要胚胎移植技术和受体母牛；与活畜相比，繁殖时间长

第二节　牛体内胚胎生产与移植

牛体内胚胎生产与移植是指利用外源激素超数排卵处理供体母牛，使母牛比自然状态下排出更多的卵子，人工授精后一定时间非手术从子宫采集胚胎，然后将胚胎（新鲜胚胎或者冷冻-解冻胚胎）移植给受体母牛的过程。

体内胚胎生产与移植过程包括供体和受体母牛选择、供体和受体母牛同期发情、供体母牛超数排卵、供体母牛人工授精、胚胎采集、胚胎冷冻保存和胚胎移植等过程。

一、供体和受体牛选择

1. 供体牛的选择与管理

供体牛的选择和饲养管理是体内胚胎生产的关键。供体牛的选择标准与饲养管理见表 8-2。

表 8-2 供体牛选择标准与饲养管理

项目	内容
遗传性能	① 具有完整的谱系 ② 生产性能（泌乳性能）优秀。如果是青年牛供体，则其全基因组检测生产性能优良 ③ 肢蹄、乳房等体型结构良好
年龄	① 15 月龄以上的青年母牛 ② 1~3 胎、产后 60~120 天的泌乳母牛
繁殖性能	① 生殖道和卵巢机能正常 ② 超排前至少具有两个正常发情周期
健康状况	① 无传染性疾病，无子宫炎、乳腺炎和肢蹄病 ② 无遗传缺陷疾病 ③ 体况适中，体况评分在 3~4
饲养管理	① 饲料日粮营养平衡，超排期间供体牛的体重应处于增重阶段 ② 减少应激反应 ③ 补充一定量维生素 A、维生素 D 和维生素 E 等

2. 受体牛选择与饲养管理

受体牛的选择和饲养管理见表 8-3。

表 8-3 受体牛选择标准与饲养管理

项目	内容
遗传性能	① 生产性能一般 ② 体型较大，后躯应相对发达，特别是黄牛做受体时应保证胚胎移植后代无难产现象
年龄	① 16 月龄以上的青年奶牛，黄牛青年牛应在 17 月龄以上 ② 1~3 胎、产后 60~120 天的母牛，黄牛应结束哺乳犊牛 1 个月以上
繁殖性能	① 生殖道和卵巢机能正常 ② 移植前至少具有两个正常发情周期
健康状况	① 无传染性疾病，无子宫炎、乳腺炎和肢蹄病 ② 体况适中，体况评分在 3~4

（续表）

项目	内容
饲养管理	① 饲料日粮营养平衡，胚胎移植期间受体牛的体重应处于增重阶段 ② 减少应激反应 ③ 补充一定量维生素 A、维生素 D 和维生素 E 等

二、供体牛和受体牛的同期发情处理

1. 同期发情的目的

胚胎移植同期发情的目的包括 3 个方面：一是供体母牛同期发情处理，使得一群供体母牛可同时进行超数排卵处理，从而提高超排工作效率；二是受体同期发情处理，使得供体母牛和受体母牛发情时间一致，从而在冲卵时可给发情后合格的受体母牛移植新鲜胚胎；三是一群受体母牛同期发情处理，使一群受体母牛在相同（相近）时间内发情，从而提高胚胎移植效率。

一般来说，胚胎移植时要求受体牛与供体牛发情（周期）天数相差不超过 1 天。

2. 同期发情方法

供体和受体同期发情方法可采用一次 PG 法、二次 PG 法、孕酮埋植+PG 法等。

三、供体牛超数排卵

超数排卵，简称超排，就是利用外源激素处理供体母牛，诱导供体母牛卵巢比在自然状态下有更多的卵泡发育并排卵，配种后生产可用胚胎的过程。虽然牛胚胎移植技术研究和应用已经超过半个世纪，但是供体母牛超排后获得的可用胚胎数量几乎没有增加，平均为 6~7 枚。因此，供体牛超数排卵是牛体内胚胎生产非常重要的一环。

1. 超数排卵常用的生殖激素

牛超数排卵常用的激素有促卵泡素（FSH）、前列腺素（PG）。有些试验也曾使用孕马血清促性腺激素（PMSG）超排供体母牛，但是由于PMSG生物学半衰期较长，母牛发情配种后，甚至在采集胚胎时（发情后第7天）供体牛卵巢还常存在着发育的大卵泡，而这些大卵泡持续分泌雌激素，从而影响排出的卵母细胞受精和受精后胚胎的发育。因此，在使用PMSG超排供体母牛时需要注射抗-PMSG。

2. 超排时激素剂量

激素生理作用的特点之一就是生理剂量的激素能发挥正常的生理作用，而大剂量的激素可产生不良作用，甚至反作用。因此，超排时应特别注意供体牛FSH和PG的注射剂量。不同厂家生产的FSH由于其效价和单位可能不同，因而注射剂量也就不同。同时，不同体重供体牛（如青年牛和成年牛），超排使用的FSH剂量也应有区别。表8-4以目前牛生产中最常用的两种FSH和PG为例，列出了青年牛和成年牛供体超排使用的FSH和PG参考剂量。

表8-4　牛超排时FSH和PG使用剂量

激素种类（商品名）	生产厂家	每头牛每次的剂量	
		青年牛供体	成年牛供体
FSH	中国科学院动物研究所	7.5~8毫克	8~8.5毫克
FOLLTROPIN-V	贝尔尼奇公司	260~300毫克	360~400毫克
PG	齐鲁动物保健品有限公司	0.4~0.6毫克	0.4~0.6毫克
律胎素	硕腾动物保健品有限公司	25毫克	25毫克

3. 超排方法

供体牛超排时，血液中需要一定浓度的外源促性腺激素才能持续刺激卵巢上一定数量的卵泡发育、成熟和排卵，而 FSH 在动物体内的半衰期约为 5 小时。为了维持供体牛血液中 FSH 的浓度，需要间隔 12 小时左右注射一定剂量的 FSH。目前，牛超排过程最常用的 FSH 注射方法是“连续 4 天递减注射法”，即每天间隔 12 小时左右注射 2 次，连续注射 4 天。表 8-5 以 FOLL-TROPIN-V 和 PG 为例，列出了成年供体牛在埋植孕酮阴道栓（CIDR）超排过程中不同时间注射 FSH 和 PG 剂量与注射方法。

表 8-5　牛超数排卵注射 FSH 和 PG 剂量（每头）示例

时间	第 0 天	第 5 天	第 6 天	第 7 天	第 8 天	第 9 天	第 10 天	第 16 天
8:00	埋植 CIDR	FSH：70 毫克	FSH：60 毫克	FSH：40 毫克 PG：0.6 毫克	FSH：20 毫克	观察发情	第 2 次 AI	冲胚
20:00	#	FSH：70 毫克	FSH：60 毫克	FSH：40 毫克 PG：0.4 毫克 撤栓	FSH：20 毫克	第 1 次 AI	#	#

供体牛注射 FSH 超排程序和时间见图 8-3。

方法 1 是指供体牛自然发情或前列腺素同期发情，一般在发情后的 8~13 天开始 FSH 处理。

方法 2 是指埋植 CIDR 同期发情，在埋植 CIDR 后 5~7 天开始 FSH 处理。

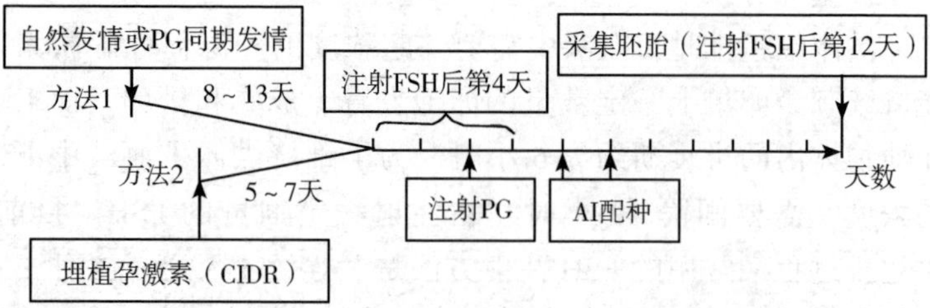

图 8-3　供体牛注射 FSH 超排程序示意图

四、供体牛发情观察与配种

1. 供体母牛发情观察

正常情况下，供体牛在连续 4 天注射 FSH 以及前列腺素的作用下，应在第 5 天上午（整个超排过程的第 9 天，埋植 CIDR 日计第 0 天）发情。

可采取人工观察超排供体母牛发情，也可采用涂抹蜡笔和计步器等辅助方法观察供体牛发情。以接受爬跨为供体母牛发情开始时间，记录母牛发情时间和发情黏液情况。

2. 供体母牛配种

超排供体母牛发情后按照常规人工授精配种。为了保证超排母牛排出的卵子都能受精，应增加人工授精配种次数，一般至少分别在发情后 10~12 小时和 20~24 小时人工授精各 1 次，每次 1 支冷冻细管精液。

五、胚胎采集

1. 胚胎采集时间

供体母牛发情后第 7 天（发情当天为第 0 天），即整个超排过程的第 16 天，利用采卵管从子宫采集胚胎。

2. 胚胎采集方法

目前，牛胚胎采集为“非手术采卵法”，即通过直肠把握，将冲卵管通过子宫颈放到子宫角一定的位置并通过气囊固定，然后用一定量的冲卵液反复冲洗子宫，从而把胚胎冲出供体牛子宫角。

3. 胚胎采集器械

牛非手术采集胚胎需要一定的器械，包括冲卵管与钢芯、集卵杯（漏斗）、扩宫棒、体视显微镜等。

4. 冲卵液配方及其配制

牛体内胚胎生产使用的冲卵液为杜氏磷酸缓冲液（DPBS），其主要化学成分及配制见表 8-6。

表 8-6　杜氏磷酸缓冲液（DPBS）配方

类型	成分	含量/（克/升）
A 液	NaCl	8.00
	KC1	0.20
	$MgCl_2$	0.10
	$CaCl_2$	0.10
B 液	$Na_2HPO_4 \cdot 12H_2O$	2.898
	KH_2PO_4	0.20
	丙酮酸钠	0.036
	葡萄糖	1.00
C 液	青霉素	0.075
	链霉素	0.005

配制冲卵液时，准确称量 DPBS 各成分化学试剂的质量，用纯净水分别溶解 A 液、B 液和 C 液，然后进行高压或者过滤灭菌。

配制冲卵液应特别注意以下问题。

① 配制 DPBS 的所有化学试剂应是分析纯或优级纯的试剂。

② 配制 DPBS 的水应是蒸馏水（三蒸），或者超纯水。

③ 配制的 DPBS pH 值为 7.2~7.6，渗透压为 270~290 毫渗摩尔/升。

④ 配好的 DPBS 液可采用高压或者过滤消毒。如果采用过滤消毒时，A 液和 B 液可以混合，使用时再加入 C 液。如果采用高压消毒，A 液和 B 液必须分别高压灭菌，高压灭菌的条件为压力 10 磅 30 分钟。使用时，A、B 液等体积混合后再加入 C 液。

⑤一般情况下，DPBS 液使用前，应添加 10% 的灭活胎牛血清。

5. 其他液体

胚胎采集过程中还需要配制其他液体，包括胚胎保存液、冷冻液和解冻液等。

（1）胚胎保存液　是体外保存胚胎的液体，一般为含 20% 胎牛血清的 DPBS 液。

（2）胚胎冷冻液　是添加一定浓度冷冻保护剂的 DPBS 液。目前牛胚胎冷冻液主要有 10%（*V/V*）甘油+20%（*V/V*）血清的 DPBS 液和 10%（*V/V*）乙二醇+20%血清+0.25 摩尔/升蔗糖的 DPBS 液。

（3）胚胎解冻液　解冻 10%（*V/V*）甘油冷冻液冷冻胚胎的液体，为 1.0 摩尔/升蔗糖+20%（*V/V*）血清的 DPBS 液。

6. 胚胎采集

牛胚胎采集又称冲卵，操作过程包括供体牛的保定麻醉、检查卵巢（黄体和卵泡）、插入采卵管、冲卵液冲洗子宫角、捡卵和胚胎质量鉴定等过程。

（1）供体母牛保定、麻醉、消毒　将供体母牛牵入保定栏内保定，肌内注射1毫升静松灵和（或）2%利多卡因5～7毫升，硬膜外麻醉。清除直肠内宿粪，清水清洗母牛外阴部和后躯，5%酒精棉球消毒外阴部。

（2）检查供体牛卵巢　直肠触诊检查超排供体牛卵巢上黄体和卵泡情况，记录两侧卵巢上的黄体和卵泡数量。

（3）扩宫、吸取黏液与插入采卵管　供体牛麻醉清除粪便后，清水冲洗外阴和后躯，然后用消毒的扩张棒扩张子宫颈（青年牛），同时使用黏液棒吸取子宫体内的黏液。

将采胚管通过阴门插入阴道内，依次通过子宫颈、子宫体，进入一侧子宫角至大弯处（前端），如图8-4所示。

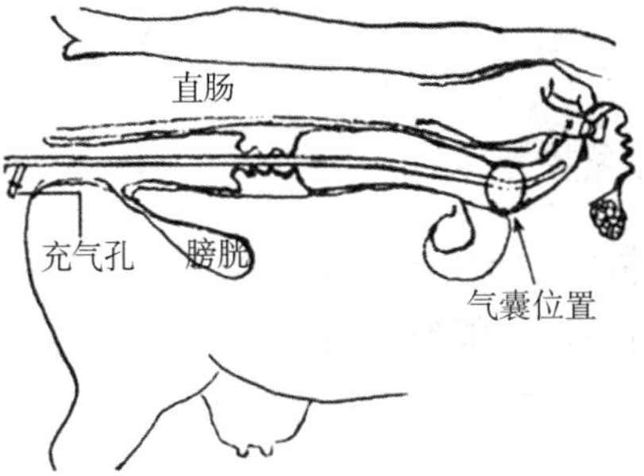

图8-4　采卵管插入方式及气囊位置

采卵管到达子宫角合适位置后，用20毫升注射器向采卵管的气囊充气以固定采卵管，一般情况下，青年牛充气量为12～15毫升，成年牛充气量为18～20毫升，气囊固定采卵管后拔出钢芯。

（4）采集胚胎　用50毫升注射器吸入15～25毫升冲卵液（经产牛每次冲胚液注入量可增加至30～40毫升），通过采卵管注入子宫角，然后回收冲卵液，并将回收的冲卵液注入集卵杯内。反复以上注入回收冲卵液5～10次。每侧子宫角需用200～

300 毫升冲卵液。

一侧子宫角采集结束后，再将采卵管插入另一侧子宫角，重复上述操作过程。

7. 检胚

（1）回收液处理　将回收的冲卵液倒入侧壁滤膜为 75 微米孔径的集卵杯（过滤漏斗）内，过滤完毕后用冲卵液反复冲洗侧壁滤膜 2~3 次，以防胚胎黏附在滤膜壁上。

（2）检卵　将集卵杯放在体视显微镜下进行检胚。观察到胚胎后，用前端孔径为 300~400 微米的巴氏吸管吸出胚胎，移入装有新鲜胚胎保存液的培养皿内。集卵杯检查 2~3 遍后，将一头供体牛的所有胚胎用保存液洗涤 2~3 遍，然后移入含有保存液的培养皿中。

六、胚胎质量鉴定

目前，牛体内胚胎生产主要是采集发情配种后 7 天的胚胎，此时的胚胎发育阶段可能处于桑椹胚、早期囊胚、囊胚或扩张囊胚阶段。

牛胚胎质量可根据采集获得胚胎的发育阶段与时间相符程度、胚胎细胞之间联系紧密程度、胚胎透明度（颜色）以及游离的细胞占胚胎细胞数的比例等，将采集获得的胚胎分为 A 级、B 级、C 级、D 级和未受精卵。不同质量的胚胎具体形态学标准见表 8–7。

表 8–7　不同质量胚胎的分级标准

级别	类型	评定标准
A 级	可用胚胎	胚胎发育阶段与时间相符。胚胎形态完整，胚胎细胞团轮廓清晰，呈球形，分裂球大小均匀，细胞界限清晰，结构紧凑，色调和明暗程度适中，无游离细胞

（续表）

级别	类型	评定标准
B 级	可用胚胎	胚胎发育阶段与时间基本相符。胚胎细胞团轮廓清晰，色调和细胞结构良好，可见一些游离细胞或变性细胞（10%~15%）
C 级	可用胚胎，但不能冷冻	胚胎细胞团轮廓不清晰，色调发暗，结构较松散，游离及变性细胞较多，占 40%~50%
D 级	不可用胚胎	发育迟缓，细胞团散碎，变形细胞比例超过 70%
未受精卵	不可用胚胎	未受精卵

也可将胚胎质量级别分为 A 级、B 级和 C 级三级，A 级和 B 级胚胎为可用胚胎，C 级胚胎为不可用胚胎，包括退化胚胎和不受精卵。

根据上述不同质量胚胎的形态学特征鉴定采集获得的胚胎，确定每个胚胎的发育阶段和质量（级别）。一般情况下，A 级和 B 级胚胎可用于冷冻保存和鲜胚移植，C 级胚胎只能用于鲜胚移植而不能冷冻。

七、胚胎冷冻

胚胎冷冻保存是指采用一定的方法，将牛胚胎在冷冻保护液中降温到一定温度后投入液氮，解冻后胚胎质量（活力）不受显著影响，从而达到长期保存胚胎的目的。目前，胚胎冷冻保存方法有常规冷冻方法和玻璃化冷冻方法。常规冷冻方法，又称慢速冷冻法或程序降温冷冻法，指采用一定的冷冻仪器，将胚胎在冷冻保存液中缓慢降低到一定温度（−36～−32 ℃）后投入液氮冷冻保存的方法。

1. 胚胎冷冻保存常用的冷冻仪器设备

牛胚胎慢速冷冻常用的冷冻仪器见图 8-5。胚胎冷冻仪主要是能够控制降温的速率，根据致冷源的不同，可将目前常用的胚胎冷冻仪分为液氮制冷和无水酒精制冷两种类型。

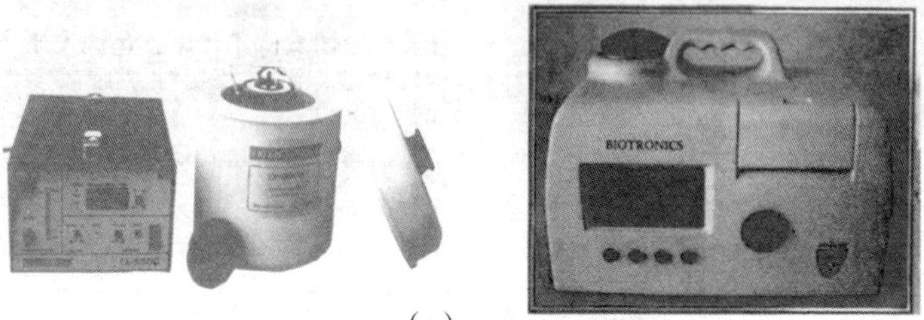

（a）

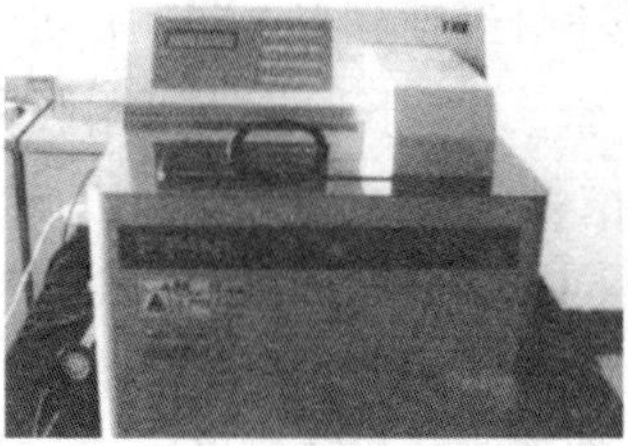

（b）

（a）液氮制冷；（b）无水酒精制冷

图 8-5　常用的不同胚胎冷冻仪

2. 常规胚胎冷冻方法

常规胚胎冷冻方法（慢速冷冻法）常用的冷冻保护液（抗冻液）为 10%（*V/V*）甘油+20%（*V/V*）血清 DPBS 液或者 10%乙二醇（*V/V*）+0.25 摩尔/升蔗糖+20%（*V/V*）血清 DPBS 液。

下面以 10%乙二醇+0.25 摩尔/升蔗糖+20%血清 DPBS 为冷冻保护液，示例说明两种冷冻仪器慢速冷冻牛胚胎的操作过程。

（1）冷冻液中平衡　将 A 级胚胎用保存液清洗 3~5 次，用冷冻保护液洗涤 1 次，然后移入冷冻液中平衡 5~10 分钟。

（2）装管　用 0.25 毫升塑料细管按 5 段装液法装入胚胎和抗冻液，即两段少量的冷冻液-气泡-冷冻液-气泡-两段少量的冷冻液，如图 8-6 所示。一般情况下，每支冷冻细管装 1 枚胚胎。如果胚胎数量太多，每个细管也可装入多个胚胎，但是胚胎移植时解冻后必须将胚胎推出，然后重新装管（1 枚胚胎）才能移植。

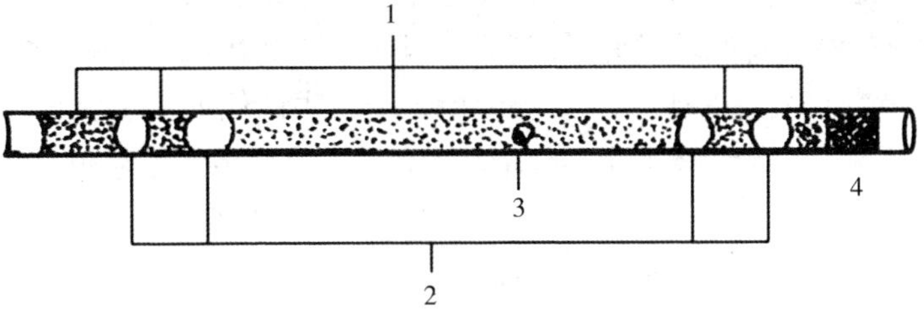

1-保存液；2-气泡；3-胚胎；4-棉塞。

图 8-6　常规冷冻法胚胎装管示意图

（3）封口标记　加热封口或塑料塞封口，并使用永久性标记笔注明供体品种、牛号、胚胎发育阶段与级别、日期等信息。

（4）降温冷冻过程

① 放入胚胎细管。将含有胚胎的冷冻细管放入预先冷却至 -6 ℃的冷冻仪的冷冻槽中平衡 10 分钟。

② 植冰。植冰又称诱发结冰，是胚胎冷冻过程的重要一环。胚胎细管在-6 ℃平衡 10 分钟后，将细管稍微提起，用在液氮中预冷的镊子前端夹住每只细管含胚胎的一段冷冻液 3~5 秒，进行人工诱发结晶（人工植冰），诱发结晶后平衡 10 分钟。

③ 降温。诱发结晶后，冷冻仪以 0.3~0.5 ℃/分钟的速率降

温至-36 ℃后，平衡 10 分钟。

④ 投入液氮。降温平衡后，用镊子夹住胚胎细管并取出胚胎冷冻仪，迅速将细管插入液氮内快速降温，装入标记的提桶内，放置于液氮罐内进行长期保存。

八、胚胎移植

1. 受体母牛准备与检查

(1) 保定与麻醉　将发情后第 7 天（发情当天记为第 0 天)的受体母牛固定在保定栏内或颈枷上，以静松灵 (1 毫升)全身麻醉或者 2%利多卡因（5~7 毫升）硬膜外麻醉。

(2) 检查黄体　直肠触诊检查受体牛两侧卵巢上黄体和卵泡情况，判断黄体大小、数量和质地等。受体牛胚胎移植时选择黄体的标准：直径大小为 1.0~1.5 厘米，质地稍硬而具有弹性，黄体基部充实，突出卵巢表面并有“排卵点”。

记录受体牛卵巢和黄体情况，用记号笔在受体牛后躯标记出黄体侧，便于移植时确定胚胎应移入的子宫角。

2. 移植胚胎的准备

(1) 新鲜胚胎的准备　供体母牛采集的胚胎，如果有合适的受体母牛，就可以将新鲜胚胎直接移植给受体母牛。将新鲜胚胎装入 0.25 毫升的细管中，准备移植。

(2) 冷冻胚胎的解冻　如果是移植冷冻保存的胚胎，移植前需要将冷冻胚胎解冻。不同的冷冻方法冷冻的胚胎解冻过程存在差异，如 10%甘油冷冻液冷冻的胚胎解冻时需要分步脱除冷冻保护剂，而 10%乙二醇冷冻液冷冻的胚胎，则不需要脱除冷冻保护剂。下面以 10%甘油冷冻保护液冷冻的胚胎为例，简要叙述冷冻胚胎的解冻过程。

① 取出冷冻胚胎。从液氮中取出胚胎细管，空气中停留 5~10 秒。

② 水浴解冻。将细管插入 32～35 ℃水浴中，停留 20～30 秒后取出。

③ 捡出胚胎。将细管中的冷冻液及胚胎推出到培养皿中，在体视显微镜下找到胚胎。

④ 鉴定胚胎质量。将解冻的胚胎转移到保存液中，清洗 3 遍，并在体视显微镜下，根据冷冻前胚胎质量、阶段等鉴定胚胎的质量。

⑤ 胚胎装管。将解冻后胚胎鉴别质量为可用的胚胎装入细管，准备移植。

生产实际中，采用 10%乙二醇冷冻保护液冷冻的牛胚胎，解冻后可直接用于移植，而无需将胚胎推出冷冻细管，只需要上述的①、② 解冻步骤即可。这样既简化了胚胎解冻过程，便于现场操作，又能保证胚胎质量不受外界的影响，提高了胚胎移植效率。

3. 胚胎移植

（1）胚胎移植需要的器材　移植胚胎就是将装入细管的胚胎移植到发情第 7 天的受体母牛黄体侧的子宫角前端的过程。移植胚胎需要胚胎移植枪、塑料保护套等。

（2）胚胎（细管）装入移植枪　将需要移植的胚胎细管装入胚胎移植枪，并在移植枪外套上塑料硬外套管和软外套管。

（3）受体牛麻醉与消毒　检查合格的受体母牛，麻醉后清除直肠内粪便，清水、消毒毛巾或消毒卫生纸擦拭外阴部，并用 75%酒精消毒外阴。

（4）移植胚胎　移植人员将装有胚胎细管的移植枪通过阴门依次经过子宫颈外口、子宫颈体、黄体侧子宫角，移植枪前端到达子宫角前端合适位置后，用力推动移植枪钢芯，将胚胎推出到移植部位。然后缓慢抽出移植枪，胚胎移植过程完成。

九、妊娠诊断

胚胎移植后应注意观察受体母牛返情情况。所有受体母牛在胚胎移植 45~60 天时可直肠触诊妊娠检查，记录受体牛妊娠情况。如果需要，胚胎移植后 90~120 天时再次复检上次妊娠检查怀孕的受体母牛。也可采取 B 超检查或者早孕因子检测进行受体母牛妊娠检查。

第九章　克隆与转基因技术

第一节　克隆技术

克隆是指由一个细胞或一个个体以无性繁殖方式产生遗传组成完全相同的一群细胞或一群个体。生物克隆技术包括三个层次，即分子水平的克隆、细胞水平的克隆和生物个体水平的克隆。如果使用的核供体细胞来自多细胞阶段的胚胎，叫作胚胎克隆；使用的核供体细胞来自动物体，叫作体细胞克隆；如果将经过核移植而发育成的胚胎或动物个体的细胞再用作核供体进行核移植，就叫作连续克隆或多代克隆。

动物克隆技术的科学研究在畜牧业领域具有重要而深远的意义：一是能够快速地复制出优良种畜；二是在遗传上完全相同的克隆动物有利于研究动物的生长发育、衰老和健康等机理；三是经转基因的克隆哺乳动物将能为人类提供廉价的药品、保健品以及抗逆性较小的移植器官；四是有益于濒危动物的保护和家畜遗传多样性的保存。但动物克隆也存在着进化上的弱点，如将导致单一性遗传或遗传资源的丢失等。

一、胚胎分割

1. 概念

胚胎分割就是将一枚胚胎分割为二，甚至分割为四或八，以获得同卵双生或同卵多生的后代。其意义在于获得遗传上同质的后代，为遗传学、生物学和家畜育种学研究提供了有价值的材料。同时也是胚胎冷冻、胚胎移植、胚胎嵌合、胚胎性别鉴定和基因导入等技术的研究手段。近年来，胚胎分割这项新技术应用于家畜繁殖领域，取得了令人瞩目的成绩，展现出令人鼓舞的发展前景。因而，在推动畜牧业的发展方面有着十分重要的意义。

2. 基本程序

（1）切割器具的准备　胚胎分割需要的器械有体视显微镜、倒置显微镜和显微操作仪。在进行胚胎分割之前需要制作胚胎固定管和分割针。固定管要求末端钝圆，外径与所固定胚胎直径相近，内径一般为20~30微米。切割针目前有玻璃针和微刀两种，玻璃针一般用实心玻璃棒拉成。微刀是用锋利的金属片与微细玻璃棒粘在一起制成。

（2）胚胎的预处理　为了减少切割前损伤，胚胎在切割前一般用链霉蛋白酶对透明带进行处理，使其软化并变薄或去除透明带。处理标准是：4~8细胞胚胎用0.5%酶液处理1~2分钟；桑椹胚用0.2%~0.3%的酶液处理30秒；囊胚则用0.2%~0.3%的酶液处理30秒以下。

（3）胚胎分割　在进行胚胎分割时，通常先将发育良好的胚胎移入含有PBS液的培养皿中，然后借助显微操作仪或徒手分割的方法对胚胎进行分割。

（4）分割胚的培养　为提高半胚移植的妊娠率和半胚的利用率，分割后的半胚需放入空透明带中，或者用琼脂包埋移入性周期第3~5天的家兔输卵管内，直接在体外培养，输卵管在胚胎移入后需要结扎以防胚胎丢失。半胚的体外培养方法基本同体外受精卵。培养的时间根据胚胎发育的阶段而定，一般培养2~5天。

(5) 分割胚胎的保存和移植　胚胎分割后可以直接移植给受体，也可以进行超低温冷冻保存。一般情况下，为提高胚胎的成活率，分割的胚胎需要在体内或体外培养到桑椹胚或囊胚阶段，才进行保存或移植。不同的畜种，其方法也略有差异。

3. 胚胎分割存在的问题和发展前景

迄今为止，胚胎分割技术已在大多数动物包括人类身上取得成功。但在牛分割胚的后代中，出现了尚待进一步研究的问题。如半胚所产生的牛犊的出生重比正常的牛犊低，同卵双生犊牛的毛色和斑纹的不一致性，产生异常与高度畸形的胎儿和同卵多胎的局限性，等等。然而，胚胎分割技术广泛的应用价值却得到了人们的一致认同，因为它是更有效地发展胚胎移植潜力的方法之一，同时也是遗传学、发生学等方面研究试验的一种有力手段。可以通过胚胎分割提高胚胎移植时的总受胎率，生产同卵双生后代，也可以进行性别鉴定、无性繁殖、嵌合体和转基因动物的生产等多项研究，而且在增加稀有动物数量和提供遗传性状相同的试验动物方面具有特别重要的意义。

二、细胞核移植

又称胚胎克隆，指将一个来自处于 8~32 细胞阶段的卵裂细胞核移入去掉细胞核的卵母细胞中，经化学或物理方法，在体外或体内培养，使其发育成一个新的胚胎。如将一定数量的供体胚胎的卵裂细胞逐一地进行核移植，则可得到一定的胚胎克隆，将其培养并使其发育到桑椹期或囊胚期，此时将发育良好的胚胎移植到受体体内，则可能获得一组遗传接近的个体。在原则上可进行再克隆技术，此时产生的后代，基因型基本一致。

胚胎克隆技术的理论基础是早期胚胎细胞具有发育全能性，在卵母细胞的转录因子下，基因组可从头开始转录和翻译。进入

21世纪后，胚胎克隆技术已达到应用水平。

1. 细胞核移植操作程序

(1) 卵母细胞的去核　目前常用吸出法去除卵子染色体，即用微细玻璃管穿过透明带吸出第一极体和其下方的MⅡ期染色体。此外，还可以用紫外线照射法进行卵母细胞的去核。

(2) 供体核的准备和移植　从早期胚胎中选取供体核，供体核指供体分散了的单个卵裂球。取得卵裂球的方法有两种：一种是用尖锐的吸管穿过透明带吸出胚胎中的卵裂球，此方法主要用于猪和牛的胚胎克隆。另一种方法是用蛋白酶消化透明带，然后用微管把胚胎分散成单个卵裂球。准备好卵裂球后，在显微操作仪下，将用移植管吸取的一个卵裂球放入一个去核卵子的卵黄间隙中。

(3) 卵裂球与卵子的融合　融合是指将卵裂球与去核卵子融为一体形成单细胞结构，在操作中通常采用电融合法。电融合法是将卵母细胞和卵裂球复合体放入电解质溶液中，在一定强度的电脉冲作用下，使卵裂球与卵子相互融合。在电击过程中，两者的接触要与电场方向垂直，融合效率的高低与脉冲电压、脉冲时间、次数、卵裂球的大小及卵子的日龄等有关。动物不同，这些参数也有所不同。

(4) 重组胚的激活　激活是指在正常的受精过程中，精子穿过透明带与卵黄膜接触后，卵子内钙离子浓度升高，卵子细胞周期恢复，启动胚胎发育。在胚胎克隆中，一般用一定强度的电脉冲作用于卵母细胞。在其内外膜结构上出现瞬时通道，此时钙离子进入受体核区，激活细胞核，恢复细胞周期，胚胎的发育被启动。

(5) 克隆胚胎的培养　克隆胚胎可在体外短时培养后，移植到受体内，或在中间受体或体外培养到较高阶段后，再移植或冷冻保存。

胚胎克隆技术的研究，为家畜育种带来很大的应用上的可能性，同时进一步提高了胚胎移植的效率，但目前胚胎移植的效率还很低，在供体核的数量以及受体卵母细胞的质量、核质关系、操作技术等方面还存在较多的问题，有待于进一步完善与改进。

2. 体细胞核移植

又称体细胞克隆，体细胞核移植技术主要包括受核细胞和供核细胞的准备、核移植、重组胚的体外体内发育观察和重组发育胚胎移入受体动物产生克隆动物等环节。

（1）受核细胞　哺乳动物核移植所使用的受核细胞基本上为卵母细胞。采集卵母细胞后，需成熟培养至第一极体后排出，再进行去核处理。

（2）供核细胞　哺乳动物体细胞克隆技术中采用的供核细胞有很多种，如乳腺上皮细胞、胎儿成纤维细胞、卵丘细胞、颗粒细胞、尾部细胞及耳细胞等。但多以胎儿成纤维细胞作为供核细胞，原因是这些细胞能在克隆前进行基因修饰，有利于产生品质优良的克隆动物。

（3）重组胚的构成、活化及体外培养　根据供体核移植的部位不同，重组胚的构成可分为卵周隙和细胞质内注射两种方法。卵周隙注射是用注射针吸取供核细胞，将一个细胞沿去核时的切口注入卵母细胞的卵周隙中。胞质内注射是将供体细胞的核直接注入受体细胞的胞质中。激活重组胚后，进行体内或体外培养，至囊胚或桑椹胚后进行胚胎移植。

（4）胚胎的移植　采用常规胚胎移植技术将体内或体外发育的克隆胚胎植入同种同期化雌性动物生殖道内，同时肌内注射 PMSG 和 HCG 维持妊娠。

体细胞克隆技术的研究具有重要意义，不仅可提供遗传上完全一致的实验动物，而且能加快动物改良、生产医用蛋白、为人类提供移植器官以及在转基因动物的培育中起重要作用。但体细胞克隆动物也存在着不足，如在品质上根本不可能超过亲本，因此在生物进化上将导致品种退化。同时在医药方面也存在着较多的争论。

第二节 转基因技术

动物转基因技术就是借助实验手段，将特定的目的基因从某一动物体分离出来，进行扩增或加工，再导入另一动物的早期胚胎细胞中，使其整合到宿主动物的染色体上，在动物的发育过程中表达，并通过生殖细胞传给后代。这种在基因组中稳定地整合有人工导入的外源基因的动物称为转基因动物。生产转基因动物的技术关键是对外源基因的分离、重组、载体构建、受体（早期受精卵）基因导入和导入外源基因胚胎的培养、移植以及获得新生动物的整合和表达的鉴定技术等。

近年来，对真核基因的表达调控的研究取得了长足进展，动物体细胞克隆技术的出现又使家畜的基因敲除和基因置换成为可能，同以往完全不同的一整套更有效和更可靠的基因转移与基因表达技术已经问世。在未来的5~10年中，转基因动物的研究和开发将会出现一个新的高潮。

我国转基因动物的研究也取得了重大技术进步。1989年，利用转移羊的MT/猪GH融合基因的方法，获得了快速生长的转基因猪，仅比美国晚两年，比澳大利亚晚一年。1990年，获得了快速生长的转基因兔。1991年，又获得了快速生长的转基因羊。

一、转基因技术的操作程序

1. 转基因动物制备的基本程序

生产转基因动物的关键技术包括：外源目的基因的制备，外源目的基因有效地导入生殖细胞或胚胎干细胞；选择获得携带有目的基因的细胞，选择合适的体外培养系统和宿主动物；转基因细胞胚胎发育及鉴定；筛选所得的转基因动物品系。转基因动物的成败，很大程度上取决于技术路线的严密设计。当研究目标确定后，必须根据前人研究的成果和自己新的研究思路，严密设计可行的实验技术路线。

2. 转基因动物的技术方法

（1）目的基因的制备

① 目的基因的来源。采用限制性内切酶、通过 mRNA 合成 cDNA、人工体外合成 DNA 片段、聚合酶链反应（PCR）扩增特定基因片段。

② 目的基因的克隆。待转移的目的基因必须达到一定的量，才能满足转基因动物研究的需要。目的基因倍增即克隆可通过传统的以载体方式在适当的宿主中进行，也可通过 PCR 反应实现。

（2）目的基因导入卵母细胞或胚胎　所有的转基因方法均涉及对单细胞受精卵或者受精之前的配子进行操作，使用的手段虽有不同，但目的都是在动物胚胎进行第一次 DNA 复制之前，尽早将外源基因插入到动物的染色体上。

3. 转基因动物的检测

判定是否生产出转基因动物的唯一标准是检查外源基因是否整合到动物的生殖系统之中，即是否发生了种系整合。在 GFP（绿色荧光蛋白）等直观的标记基因发明之前，转基因动物的检测主要依赖分子杂交技术。就是在标记基因使用之后，分子检测仍然是不可缺少的手段。基因分子检测的基本原理是不同目标基因的序列发生结合的探针进行分子杂交，从而检测出外源基因已经整合到动物基因组中。具体方法包括以下几个步骤：一是DNA的提取；二是PCR扩增；三是Southern杂交；四是Northern杂交；五是表达产物检测，表达产物检测就是检查目标基因编码的蛋白质。

4. 转基因动物家系的建立和扩繁

由于外源基因常单位点整合在转基因动物的一条染色体上，因此，转基因动物基本上是杂合子。为了获得纯合子转基因动物，首先要用F_0转基因动物繁殖大量的后代。如果F_0代的生殖上皮不是嵌合体，F_1代中50%也为转基因杂合子。杂合子后代间再进行交配就能获得纯合子转基因动物。用纯合子转基因动物进一步扩繁可建立转基因动物家系。在家畜中用显微注射法获得纯合子转基因动物群的时间为5~10年，而用细胞核移植技术获得纯合子动物转基因群的时间绵羊为1.5年、牛为2.75年。

二、转基因技术存在的问题及应用前景

转基因动物的出现为生命科学研究提供了有力的工具，已经建立了许多整合有外源基因的转基因小鼠和大鼠，转基因猪、羊、牛等也已经诞生。这是转基因动物技术在基础研究和实际应用方面展示出的良好前景，但也要看到，转基因动物技术还有很多问题需要解决，如转基因动物的低效性（有时不到1%）；转入基因造成宿主基因突变问题（突变率5%~7%）；转基因的表达问题，主要是表达混乱，不在预期组织中表达，子代和亲代动物中表达情况不同；病毒转基因存在的问题，主要是恢复病毒特性，进一步造成宿主细胞功能紊乱或死亡；转基因动物模型与预期不符的问题；社会问题，主要是转基因技术与动物保护间的

矛盾，转基因动物遗传安全与产品安全等问题。今后的转基因动物研究应在提高转基因动物的生产效率、加强基因定点整合技术研究等方面进行。我们相信，随着生命科学各个领域的不断发展，新的突破会不断产生，一些在实验中获得的结果可以创造出更多有良好经济效益的物种，使地球的生物圈变得更加丰富多彩。转基因技术的诞生、成熟和推广正在给养殖业带来一场新的革命。

第十章 繁殖障碍及疾病的控制

第一节 繁殖障碍

家畜整个繁殖中的任何一个环节遭到扰乱和破坏，使繁殖力下降或在应当繁殖的时间内不能正常地产出仔畜，称为繁殖障碍。繁殖障碍严重地影响畜群的增殖和改良，是造成母畜不孕、公畜不育的主要原因。

一、公畜繁殖障碍

公畜繁殖障碍主要包括先天性、饲养管理性、疾病性、功能性4类。

1. 先天性繁殖障碍与防治

(1) 隐睾症　在正常情况下，睾丸经腹股沟从腹腔落入阴囊。隐睾是睾丸不能正常地下降进入阴囊，可能是双侧性的，但通常以一侧居多。位于腹腔内的隐睾，在动物出生后的生长发育过程中睾丸发育受阻，不仅体积小，而且内分泌和生精功能均受到影响，甚至不产生精子。

(2) 睾丸发育不全　睾丸发育不全是指精细管生殖层的发育不完全。发生于所有家畜，在一些牛群中可高达20%，在一些羊群中可达10%。睾丸发育不全有些是单侧，有些是双侧。一侧性的只有到性成熟时，因两侧睾丸大小不同才被发现。主要表现为精子量少、发育异常，精子对贮存和冷冻的抵抗力低下。

在生产中对患有先天性繁殖障碍的公畜一般采取淘汰，不能作为种用。

2. 饲养管理性繁殖障碍

饲养管理不当会使公畜生殖功能衰退或受到破坏而造成不育。如长期饥饿或饲料不足、品种单一、缺乏某些必需的营养物质等。相反由于营养过剩、运动不足等造成公畜过肥，这些都会导致公畜精液品质不良，畸形精子、死精子数过多。

科学的饲养管理是预防种公畜饲养管理性繁殖障碍的有效手段，在饲料上应保证营养均衡，由于种公畜对缺乏蛋白质非常敏感，应特别注意补充蛋白质饲料。

3. 疾病性繁殖障碍

（1）睾丸炎及附睾炎　睾丸炎和附睾炎通常由物理性损伤或病原微生物感染所引起，因此睾丸炎和附睾炎常并发。患睾丸炎及附睾炎的家畜，精囊和精细管退化，精子活力降低，精子数减少，从而导致不育。为避免该病的发生，应以预防为主，健全防疫、检疫制度，定期注射疫苗。在治疗上主要应控制感染和预防并发症，防止转化为慢性，导致睾丸萎缩或附睾闭塞。急性病例应停止配种或采精，安静休息，24 小时内局部用冷敷，以后用湿热敷、红外线照射等热敷疗法。

（2）外生殖道炎症　外生殖道炎症包括阴囊炎、阴囊积水、前列腺炎、精囊腺炎、尿道球腺炎和包皮炎等。这些疾病有的会影响精液品质，有的会影响性行为及采精。

4. 功能性繁殖障碍

（1）性欲缺乏　性欲缺乏又称阳痿，是指公畜在交配时性欲不强，以致阴茎不能勃起或不愿意与母畜接触的现象。

（2）交配困难　交配困难主要表现在公畜爬跨、阴茎的插入和射精等交配行为发生异常。爬跨无力是老龄公牛常发生的交配障碍。蹄部腐烂、四肢外伤、后躯或脊椎发生关节炎等都可能造成爬跨无力。

(3) 精液品质不良　精液品质不良是指公畜射出的精液达不到使母畜受精所要求的标准，主要表现为射精量少、无精子、死精子、精子畸形和活力不强等。

为防止公畜功能性繁殖障碍的发生，首先应加强饲养管理，补充矿物质及维生素饲料。对性欲缺乏及精液品质不良的公畜可用PMSG或LH等激素治疗，对交配困难的公畜应针对不同的症状加以治疗。

二、母畜繁殖障碍

1. 先天性繁殖障碍

(1) 生殖器官发育不全和畸形　母畜生殖器官发育不全主要表现为卵巢和生殖道体积较小，功能较弱或无生殖功能。幼龄动物的生殖器官常常发育不全，即使到达配种年龄也无发情表现，有时虽然发情，但屡配不孕。常见的生殖器官畸形有输卵管伞和输卵管或输卵管和子宫连接处堵塞，子宫角缺失，单子宫角，无宫腔实体子宫角，子宫颈的形状和位置异常，子宫颈闭锁，双子宫颈，以及阴瓣过度发育等。

(2) 雌雄同性　又称两性畸形，指同时具有雌雄两性的部分生殖器官的个体。如某个体的生殖腺一侧为睾丸，另一侧为卵巢；或者两侧均为卵巢和睾丸的混合体即卵睾体，这种现象称为真两性。性腺为一种性别，而生殖道为另一种性别的两性畸形，称为假两性畸形。

(3) 孪生母犊不育症　此种现象主要发生于牛，异性孪生母犊中约有92%患不育症，主要表现为不发情，体型较大，阴门狭小，阴蒂较长，阴道短小，子宫角和子宫颈非常细，甚至没有或呈薄膜状。卵巢极小。乳房极不发达，内无腺体。

（4）种间杂交　种间杂交的后代往往无生殖能力。如黄牛和牦牛杂交，所产的后代犏牛，雌性虽有生育能力，但繁殖力较低。

对患有上述先天性繁殖障碍的母畜，在生产上一般采取淘汰的方法作肉畜处理。

2. 饲养管理性繁殖障碍

（1）营养性障碍　一般是由于饲养不当，动物缺乏营养、营养过剩或营养不平衡而使生殖功能衰退或受到破坏，从而导致生育力下降。

饲料数量不足，营养缺乏造成母畜生殖功能受到抑制；饲料过多，同时又缺乏运动，母畜卵巢发生脂肪变性，母畜表现为不发情。妊娠早期则会引起血浆孕酮浓度下降，也会妨碍胚胎的发育；若饲料品种单一，或者饲料中缺乏机体所必需的某种营养物质，就会造成繁殖障碍。

（2）环境、气候及管理性障碍　母畜的生殖功能与日照、气温、湿度、饲料成分等外界因素的变化有密切关系。如天气寒冷，加之营养不良，母畜就会停止发情或出现安静发情；而天气炎热，受胎率也会下降。长途运输、环境突然改变等应激反应，使生殖功能受到抑制，造成暂时性不孕。母畜长期缺乏运动、饲养环境恶劣等都会给母畜带来繁殖障碍。

对饲养管理性繁殖障碍的母畜应针对不同的情况改善饲养管理状况。

3. 技术性繁殖障碍

由发情鉴定的准确率低及配种技术不当引起的繁殖障碍称为技术性繁殖障碍，为防止这种现象的发生，首先要提高繁殖技术水平，制定并严格按照发情鉴定、配种和妊娠检查的规章制度及规程操作。

4. 疾病性繁殖障碍

（1）卵巢功能减退、不全及卵泡交替发育　卵巢功能减退的主要表现是卵巢处于静止状态，不出现周期性活动；卵巢功能不全是指有发情的外部表现，但不排卵或排卵迟缓，或者有排卵，但无发情的外部表现；卵泡交替发育是指卵泡不能发育到正常排卵即发生闭锁，与此同时另一个又在发育，彼此交替。

（2）卵巢囊肿　一般分为卵泡囊肿和黄体囊肿两种。卵泡囊肿，壁较薄，单个或多个卵泡存在于一侧或两侧卵巢上；黄体囊肿一般多为单个，存在于一侧卵巢上，壁较厚。卵泡囊肿持续有发情表现，黄体囊肿母畜表现长期不发情。

（3）持久黄体　妊娠黄体或周期黄体超过正常时间而不消失，称为持久黄体。持久黄体在组织结构和对机体的生理作用方面，与妊娠黄体或周期黄体没有区别，同样可以分泌孕酮，抑制卵泡发育和发情，引起不育。

（4）子宫内膜炎　子宫内膜炎是母畜在产后不同阶段所发生的急性或慢性子宫炎症。临床上以慢性子宫内膜炎比较常见，常由急性转化而来。该病主要是由于饲养管理不当，饲料单一，缺乏维生素、矿物质等；一味追求高泌乳，造成母畜能量代谢的负平衡；使母畜处于过热、过冷或过湿、空气污浊、大量蚊虫叮咬的应激环境；以及母畜患有其他疾病时，可降低机体的抗病力，促成本病的发生。

第二节　产科疾病

一、流产

流产就是妊娠中断。其危害极大，不仅使胎儿夭折或发育不良，而且常损害母体健康，甚至导致不育，严重时还会危及母畜生命。本病以牛为多见。

1. 病因

引起母畜流产的原因多而复杂，在其诊断和防治上，至今仍未彻底解决。大致分为传染性流产及非传染性流产。

(1) 传染性流产　传染性流产是由传染病和寄生虫病所引起，又分为自发性和症状性两种。

① 自发性流产。是胎膜、胎儿及母畜生殖器官，直接受微生物或寄生虫侵害所致，如布鲁氏菌病、胎毛滴虫病、沙门杆菌病及锥虫病等。

② 症状性流产。只是某些传染病和寄生虫的一个症状，如结核、马传染性贫血、牛环形泰勒焦虫病和马纳塔焦虫病等。

(2) 非传染性流产　非传染性流产也分为自发性流产和症状性流产。

① 自发性流产。以胎儿及胎膜的畸形发育与疾病所致者较多见。胎盘坏死及胎膜炎症多由于前一胎流产后对子宫处理不彻底而宫内尚有炎症时受胎所致，故应在流产后认真处理子宫，以防再流产。

② 症状性流产。饲养管理不合理，疾病、药物使用不当都可造成流产。

· 饲养性流产：为饲料数量不足和饲料营养价值不全（特别是蛋白质、维生素 E、钙、磷、镁的缺乏）以及给予霉败、冰冻和有毒饲料，使胎儿营养物质代谢障碍所致。

· 损伤及管理性流产：为跌摔、顶碰、挤压、踢跳、重役、鞭打、惊吓等，使母畜子宫及胎儿受到直接或间接的冲击震动而引起。

· 疾病性流产：为母畜生殖器官疾病及功能障碍、严重大失血、疼痛、腹泻以及高热性疾病和慢性消耗性疾病，使胎儿或胎膜受到影响所引起。

·药物性流产：为妊娠畜全身麻醉、给予子宫收缩药、泻药及利尿药以及注射疫苗时机不当等所致。

·习惯性流产：指同一妊娠畜发生 2 次以上流产。可能与近亲繁殖、内分泌功能紊乱和发生应激有关。

2. 症状

（1）胎儿消失（隐性流产）　妊娠初期，胚胎的大部或全部被母体吸收。常无临床症状，只在妊娠后（牛 40~60 天、羊 1~2 个月）性周期恢复而发情。

（2）排出未足月胎儿（小产、半产）　排出未经变化的死胎，胎儿及胎膜很小，常在无分娩征兆的情况下排出，多不被发现。

（3）早产排出不足月的活胎　有类似正常分娩的征兆和过程，但不是很明显。常在排出胎儿前 2~3 天，乳腺及阴唇突然稍肿胀。

（4）胎儿干尸化　由于黄体存在，故子宫收缩微弱，子宫颈闭锁，因而死胎未被排出。胎儿及胎膜的水分被吸收后体积缩小变硬，胎膜变薄而紧包于胎儿，呈现棕黑色，犹如干尸。母畜表现发情停止，但随妊娠时间延长腹部并不继续增大。尸化胎儿有时伴随发情被排出。猪有时可见正常胎儿与干尸化胎儿交替排出。

（5）胎儿浸溶　由于子宫颈开张，非腐败性微生物侵入，使胎儿软组织液化分解后被排出，但因子宫颈开张有限，骨骼存留于子宫内。患畜表现精神沉郁，体温升高，食欲减退，腹泻，消瘦；随努责见有红褐色或黄棕色的腐臭黏液及脓液排出，且常带有小短骨片；黏液沾污尾及后躯，干后结成黑痂，阴道及子宫发炎，在子宫内能摸到残存的胎儿骨片。

（6）胎儿腐败分解　由于子宫颈开张，腐败菌（厌氧菌）侵入，使胎儿内部软组织腐败分解，产生的硫化氢、氨气、丁酸及二氧化碳等气体积存于胎儿皮下组织、胸腹腔及阴囊内。病畜表现腹围膨大，精神不振，呻吟不安，频频努责，从阴门流出污红色恶臭液体，食欲减退，体温升高；阴道检查，产道有炎症，子宫颈开张。

3. 治疗

对有流产征兆而胎儿未被排出及习惯性流产者，应全力保胎，以防流产。可用黄体酮注射液，牛 50~100 毫克，羊 15~25 毫克，肌内注射，每日 1 次，连用 2~3 次，亦可肌内注射维生素 E。

胎儿死亡且已排出，应调养母畜；胎儿已死若未排出，则应尽早排出死胎，并剥离胎膜，以防继发病的发生。

小产及早产的治疗宜灌服落胎调养方：当归 24 克、川芎 24 克、赤芍 24 克、熟地黄 9 克、生黄芪 15 克、丹参 12 克、红花 6 克、桃仁 9 克，共碾末冲服。

胎儿干尸化的治疗：灌注灭菌液状石蜡或植物油于子宫内后，将死胎拉出，再以复方碘溶液（用温开水稀释 400 倍）冲洗子宫。当子宫颈口开张不足时，可肌内或皮下注射己烯雌酚，促使黄体萎缩、子宫收缩及子宫颈开张，待宫颈开放较大后助产。

胎儿浸溶及腐败分解的治疗：尽早将死胎组织的分解产物排出，并按子宫内膜炎处理，同时应根据全身状况配以必要的全身疗法。

4. 预防

① 给以数量足、质量高的饲料，日粮中所含的营养成分，要考虑母体和胎儿需要，严禁饲喂冰冻、霉败及有毒饲料，防止

饥饿、过渴和过食、暴饮。

② 孕畜要适当运动和使役，防止挤压碰撞、跌摔踢跳、鞭打惊吓、重役猛跑。做好冬季防寒和夏季防暑工作。合理选配，以防偷配、乱配。母畜的配种、预产期都要记录。

③ 配种（授精）、妊娠诊断；直肠及阴道检查，要严格遵守操作规程，严防粗暴从事。

④ 定期检疫、预防接种、驱虫及消毒。凡遇疾病，要及时诊断，及早治疗，用药谨慎，以防流产。

⑤ 发生流产时，先行隔离消毒，一面查明原因，一面进行处理，以防传染性流产传播。

二、胎衣不下

胎衣不下也称胎衣滞留，牛比较常见，尤其是奶牛平均发生率可达10%左右。胎衣不下是指母牛分娩后经过8~12小时仍排不出胎衣。正常情况下，母牛在分娩后3~5小时即可排出胎衣。

1. 病因

① 妊娠畜饲养管理不当，饮喂失宜，饲料单一，缺乏矿物质、微量元素，特别是缺乏钙盐和维生素A，妊娠畜体质瘦弱。

② 妊娠牛过肥，运动不足，胎儿过大，胎水过多，产程过长，用力过度等造成分娩后无力排出胎衣。

③ 妊娠期间护理不当，如布鲁氏菌、李氏杆菌、真菌、病毒等感染子宫，发生轻度子宫内膜炎及胎盘炎、结缔组织增生，使胎儿胎盘和母体胎盘发生粘连，流产后或产后易发生胎衣不下。

④ 产后子宫颈闭合过早，有时胎衣虽已脱落，但被挤压而不能排出。

⑤ 牛的上皮绒毛膜与结缔组织绒毛膜混合型胎盘结构也是

胎衣不下的主要原因。

2. 症状

牛胎衣不下，在初期一般不会出现全身症状，常见病牛有一部分红色的胎衣垂于阴门外，大多胎衣滞留在子宫内，阴门外仅露出脐脉管的断端。2 天后，停滞的胎衣开始腐烂分解，从阴道内排出暗红色、混有胎衣碎片的恶臭液体。腐烂分解产物若被子宫吸收，可出现败血型子宫炎和毒血症，患牛表现体温升高、精神沉郁、食欲减退、泌乳减少等。

3. 治疗

胎衣不下的治疗方法有药物治疗和手术剥离。

（1）药物治疗

① 西药疗法。10%葡萄糖酸钙注射液、25%葡萄糖注射液各 500 毫升，1 次静脉注射，每日 2 次，连用 2 日。催产素 100 单位，1 次肌内注射。氢化可的松 125～150 毫克，1 次肌内注射，隔 24 小时再注射 1 次，共注射 2 次。土霉素 5～10 毫克，蒸馏水 500 毫升，子宫内灌注，每日或隔日 1 次，连用 4～5 次，让其胎衣自行排出。10%高渗氯化钠 500 毫升，子宫灌注，隔日 1 次，连用 4～5 次，使其胎衣自行脱落、排出。增强子宫收缩，用垂体后叶素 100 单位或新斯的明 20～30 毫克肌内注射，促使子宫收缩排出胎衣。

② 中药疗法。应用“益母生化散”，一次灌服，服药后 24 小时胎衣仍不下可再服 1 剂。中药疗法与西药疗法合用，可明显增加疗效。也可应用中药茯苓 200～300 克，加水 3 500～4 500 毫升，煎煮 30 分钟，加入红糖或白糖 150～300 克、食盐 30～50 克，溶化后，候温内服，饮后能加速胎衣的排出。

（2）手术剥离　首先把阴道外部洗净，左手握住外露胎衣，右手沿胎衣与子宫黏膜之间，触摸到胎盘，食指与中指夹住胎儿胎盘基部的绒毛膜，用拇指剥离子叶周缘，扭转绒毛膜，使绒毛从肉阜中拔出，逐个剥离。然后向子宫内灌注消炎药，如土霉素粉5~10克，蒸馏水500毫升，每天1次，连用数天。也可用青霉素320万国际单位，链霉素4克，肌内注射，每天2次，连用4~5天。

4. 预防

注意营养供给，合理调配，不能缺乏矿物质，特别是钙、磷的比例要适当。产前不能多喂精饲料，要增加光照和运动。产后要让母牛吃到羊水和益母草、红糖等。如果分娩8~10小时不见胎衣排出，则可肌内注射催产素100单位，静脉注射10%~15%的葡萄糖酸钙500毫升。

三、子宫破裂

子宫破裂是指在分娩期或妊娠晚期子宫体部或子宫下段发生破裂。若未及时诊治可导致胎儿及母畜死亡，是产科的严重并发症。

1. 病因

梗阻性难产是引起子宫破裂最常见的原因。骨盆狭窄、头盆不称、软产道阻塞（发育畸形、瘢痕或肿瘤所致）、胎位异常（肩先露、额先露）、巨大胎儿、胎儿畸形（脑积水、联体儿）等，均可因胎儿先露下降受阻，为克服阻力子宫强烈收缩，使子宫下段过分伸展变薄而发生子宫破裂。

2. 症状

根据破裂程度，可分为不完全性子宫破裂与完全性子宫破裂两种。

（1）不完全性子宫破裂　指子宫肌层部分或全层破裂，浆膜层完整，宫腔与腹腔不通，胎儿及其附属物仍在宫腔内。多见于子宫下段剖宫产切口瘢痕破裂，常缺乏先兆破裂症状，腹部检查仅在子宫不完全破裂处有压痛，体征也不明显。若破裂发生在子宫侧壁阔韧带两叶之间，可形成阔韧带内血肿，此时在宫体一侧可触及逐渐增大且有压痛的包块。胎心音多不规则。

（2）完全性子宫破裂　指宫壁全层破裂，使宫腔与腹腔相通。继先兆子宫破裂症状后，子宫完全破裂一瞬间，随着血液、羊水及胎儿进入腹腔，母畜出现脉搏加快、微弱，呼吸急促，血压下降等休克症状。子宫瘢痕破裂者可发生在妊娠后期，但更多发生在分娩过程。开始时腹部微痛，子宫切口瘢痕部位有压痛，此时可能子宫瘢痕有裂开，但胎膜未破，胎心良好。若不立即行剖宫产，胎儿可能经破裂口进入腹腔。

3. 治疗

（1）一般治疗　密切观察家畜的生命体征，一旦表现出休克症状，立即积极抢救，输血输液（至少建立 2 条静脉通道快速补充液体）、吸氧等，并给予大量抗生素预防感染，这对提高该病的预后起着至关重要的作用。

（2）先兆子宫破裂的治疗　先给大量镇静剂以抑制宫缩，并尽快结束分娩。在子宫破裂发生的 30 分钟内施行剖宫产术是降低围产期永久性损伤以及胎儿死亡的主要治疗手段，而手术时采用的硬膜外麻醉，本身就是一种抑制宫缩的有效方法。

① 子宫修补术联合择期剖宫产术。适于发生在孕中期，破裂口小，出血量少，家畜及胎儿情况良好，此处理方法较少应用。

② 子宫修补术联合紧急剖宫产术。裂口不是很大，边缘整齐，子宫动脉未受损伤，未发现明显感染症状以及不完全子宫破裂者，可在行紧急剖宫产术的基础上行子宫修补术。

③ 急剖宫产术联合子宫次全切除术或子宫全切除术。妊娠

裂口过大，破裂时间过长，边缘不完整，应及时行子宫切除术。

④ 阔韧带内有巨大血肿。需处理血肿，一般采用髂内动脉结扎。

4. 预防

子宫破裂一旦发生，处理困难，危及孕母畜及胎儿生命，应积极预防。认真进行产前检查，正确处理产程，提高产科质量，绝大多数子宫破裂可以避免发生。

① 认真做好产前检查，有瘢痕子宫、产道异常等高危因素者，应提前入院待产。

② 提高产科诊治质量，正确处理产程，严密观察产程进展，警惕并尽早发现先兆子宫破裂征象并及时处理；严格掌握缩宫素应用指征；正确掌握产科手术助产的指征及操作常规；正确掌握剖宫产指征。

四、子宫扭转

子宫扭转是指子宫沿着其长轴按顺时针或逆时针扭曲 90°甚至 180°~360°的状态。子宫扭转在家畜中较为多见。

1. 病因

① 怀孕后期，胎儿异常增大，子宫大弯显著向前扩张，子宫孕角前端基本游离于腹腔，位置的稳定性较差。如急剧起卧并转动身体，子宫因胎儿重量大，不能随腹壁运动，就可向一侧捻扭。临产时的捻转可能是因为分娩疼痛而急剧起卧所致。

② 妊娠子宫张力不足，子宫壁松弛，非妊娠子宫角体积小，子宫系膜松弛，胎水量不足易发生子宫扭转。

③ 饲养管理不当以及运动不足，也可诱发子宫扭转。发生子宫扭转后，子宫颈易发生痉挛性收缩，被矫正之后常常发生子宫颈口不易扩张或扩张不充分。

2. 症状

该症的主要症状为腹痛，腹痛的程度与扭转后所造成的子宫缺血成正比，故扭转的程度越大、时间越久，则子宫缺血越严重，而腹痛也就越剧烈。扭转的程度可达 90°甚至 720°。家畜及胎儿死亡率较高，此外，有的伴有尿频、尿急，有少量到中等量的阴道流血。

3. 治疗

（1）腹白线切开和整复子宫　发病后，若诊断及时，并能在短时间内实施手术者，如果子宫处于良好状态，则应对扭转的子宫角进行整复。在这种情况下，就应实施腹白线切开术。

（2）卵巢子宫摘除术　这是最实用的手术方法。当开腹后，子宫已经受到严重损伤，渗出大量混有血液的渗出液，这是子宫的血管发生扭转，促使阻塞的血管内压增高而压出的漏出液。实际上子宫扭转常发生于一侧子宫角，或者至子宫体。当出现后者时，循环血管波及双侧子宫角。

五、子宫脱出

1. 病因

奶牛发生子宫脱出多因妊娠牛营养不良、运动不足、胎儿过大、羊水过多，尤其是年老体弱的经产母牛，骨盆韧带及会阴部结缔组织松弛无力或分娩时努责过强，难产或助产时牵拉过猛，在露出胎衣上系重物等，以及产后瘫痪和感染等都会引发本病。

2. 症状

通常以阴道脱出或子宫半脱出为多见。此时可见母牛阴门外有球状脱出物，初期较少，母牛站立时会自行缩回，以后变大，无法缩回。这时可见阴门外有垂直长形的布袋状物，子宫全脱出时可垂至跗关节上方，常附有未剥落的胎衣及散在的母体胎盘。

脱出物初呈鲜红色，有光泽，常附有粪便、泥土、垫草等污物，时间经久变成暗红色，出现瘀血、水肿并发生干裂或糜烂。母牛精神沉郁、食欲减少、拱腰举尾、努责不安、排尿困难，严重时出现腹痛、贫血、眼结膜苍白及寒战等。如脱出物受损伤、感染可继发出血或败血症。

3. 治疗

（1）手术整复　母牛站立保定。先用0.1%高锰酸钾溶液洗净脱出物，后用2%明矾水冲洗1遍。母牛努责强烈，可用2%普鲁卡因注射液20~30毫升做腰荐部硬膜外腔麻醉或做后海穴浸润麻醉。剥离胎衣，若出血严重可肌内注射安络血注射液20~40毫升；水肿严重可用注射针头散扎后排出积水。整复时先由助手将消毒后的子宫托至阴门高度，并摆正子宫位置，防止扭转。术者用纱布包住拳头，顶住子宫角末端，小心用力地向阴道内推送或从子宫角基部开始，用两手从阴门两侧一点一点地向阴道内推送。子宫送入骨盆腔后，应以手臂尽量推送到腹腔内，使之展开复位。然后向子宫腔内投入5~10克土霉素粉，并用500毫升生理盐水稀释，保持母牛站立，并做牵遛运动。多数子宫整复后可不再脱出，否则应在阴门周围做2~3个纽扣状缝合，但要留足尿道口。2~3天后，如母牛不再努责，可拆线。

（2）药物治疗　西药可用补液、强心、缩宫及止血药物，如用50%葡萄糖注射液500毫升及5%糖盐水2 000~3 000毫升，另加20%安钠咖注射液10毫升、维生素C 5克加温后静脉注射。同时，肌内注射垂体后叶素50~100国际单位。消炎抗菌可用青霉素400万国际单位与链霉素5克混合肌内注射。一般每日1~2次，连用3~5天。中药治疗时，可在子宫脱出整复手术后即投服中药补中益气汤，每日1剂，连服2~5剂。

参考文献

韩芬霞，陈春刚，2016. 家畜繁殖员［M］. 北京：化学工业出版社.

孔雪旺，王艳丰，周敏，2021. 怎样提高母牛繁殖效益［M］. 北京：机械工业出版社.

欧广志，2012. 动物繁殖员实用技术［M］. 北京：中国农业科学技术出版社.

桑润滋，2012. 实用畜禽繁殖技术［M］. 北京：金盾出版社.

王峰，2012. 动物繁殖学［M］. 北京：中国农业大学出版社.

郑培鸿，2005. 动物繁殖学［M］. 成都：四川科学技术出版社.